新版
絵でわかる
An Illustrated Guide to Ecosystem
生態系のしくみ

鷲谷いづみ 著
Izumi Washitani

後藤 章 絵
Akira Goto

講談社

ブックデザイン｜安田あたる

はじめに

　この本のテーマは，生態系です。

　「生態系」は，「化学物質の生態系への影響」「温暖化が生態系に及ぼす影響」などというように，環境問題が話題になるときに耳にする言葉です。

　みなさんは「生態系」という言葉で何をイメージされるでしょうか？

　漠然と，何種類もの生物の集まりを思い浮かべるかもしれません。草木が生え，水が流れる風景を思い出す方もいるでしょうか。草をウサギが食べ，そのウサギをオオカミが食べるといった，食べる‒食べられるの関係のつながりを思い起こす方もいらっしゃるでしょう。あるいは，私たち人間をとりまく多様な生き物や自然物からなる環境を思い浮かべる方もいらっしゃるかもしれません。

　そのイメージはどれも，生態学の用語としての生態系のある側面を直接，あるいは間接的に表しています。「生態系」という日本語は「ecosystem」という英語を翻訳したものです。それは，現代の生態学にはなくてはならない科学の用語です。Ecosystem の system とは，要素とそれらの間の関係を含む全体を表す言葉です。生態系は，多様な生物とその環境の要素からなるシステムです。それは複雑で，ダイナミックで，ある意味ではとらえどころのないものです。けれども，そのありさまやはたらきをしっかりと把握することは，現在，私たちが直面しているさまざまな環境の問題を適切に解決するためにも，それによってサステナビリティ（持続可能性）を確保するためにも，欠かすことができません。

　生態系の科学的な理解をめざす生態学では，さまざまな切り口で生態系をとらえます。この本では，そんな生態学からみえる生態系のさまざまな側面，つまり，その構成，動態，機能，しくみなどをイラストと平易な文章で紹介することを試みました。

　この改訂版『新版　絵でわかる生態系のしくみ』は，初版をやや大きく改訂してつくられたものです。初版で扱っていた「生物多様性」に関する項目は，私たちがつくった『絵でわかる生物多様性』に譲り，この本には含めていませ

ん。その代わりに，初版には含めていなかった生態系の幅広い理解に必要な事項を加えました。今回の改訂で大きくかわったことは，イラストがカラーになったこと。以前の版に比べて，格段にわかりやすく，見て楽しいイラストになったと思います。また，キーワードを太字にしました。キーワードを拾い読みしながらイラストを眺めていただくだけでも，重要なポイントを理解していただけるでしょう。

　今回も素敵なイラストを描いてくださった後藤章さん，丁寧な校正をしてくださった永井美穂子さん，そして編集全般を通じて大変お世話になった講談社サイエンティフィクの堀恭子さんに心より感謝いたします。

　改訂版の案内役は，水陸両用の身近な生き物のカエルです。くりくりしたあの大きな丸い目を借りて，生態系のいろいろな側面を探ってみましょう。

2018 年 12 月

鷲谷いづみ

新版 絵でわかる生態系のしくみ　目次

はじめに　iii

第0章　生態系のいろいろ　1

0.1　生態系の風景　2

0.2　バイオーム（生物群系）　4

0.3　日本のバイオーム　10

0.4　窒素が循環する生態系　14

0.5　炭素の貯留と循環　16

0.6　生態系に広がる食物網　18

0.7　生態ピラミッド　20

0.8　生物間の関係がつくる生態系　22

0.9　シャーレのなかの生態系　24

0.10　サービスを提供する生態系　26

第1章 生態系を理解するための基礎用語 29

1.1 環境：資源／条件　30

1.2 生物的環境と非生物的環境　32

1.3 生態的地位，ニッチ　34

1.4 自然選択による進化　36

1.5 植物と動物はどう異なる？　38

1.6 個体と個体群　40

1.7 植物の生き残り戦略　42

1.8 植物の三戦略の関係　44

1.9 ギャップの形成とギャップ検出機構　46

1.10 クレメンツと遷移説　48

1.11 タンスレーが提案した生態系　50

1.12 遷移と遷移説　52

1.13 シフティングモザイク——ダイナミックな植生　54

1.14 生態系を流れるエネルギー　56

1.15 生態系の健全性　58

第2章 生態系をつくる関係 61

2.1 光を求める／避ける，植物の順化　62

2.2 土壌シードバンク　64

2.3 種子を目覚めさせる環境シグナル　66

2.4 動物の温度環境への適応　68

2.5 共生関係が豊かにした生態系　70

2.6 植物と微生物の栄養共生　72

2.7 アリとの防衛共生　74

2.8 スペシャリスト vs. ジェネラリスト　76

2.9 種子分散共生　78

2.10 種子を運ぶアリ　80

2.11 動物と動物の多様な関係　82

2.12 擬態する動物たち　86

2.13 消化を担う共生微生物　88

2.14 病原生物と宿主の軍拡競走　90

2.15 キーストーン種　92

2.16 水と陸の生態系をつなぐトンボ　94

2.17 生態系をつなぐ生物の移動：ウナギ　96

2.18 生態系をつなぐ生物の移動：マガン　98

2.19 生態系のレジリエンスと安定性　100

第3章 生態系とヒト 103

3.1 ヒトの出現と生態系 104

3.2 栄養生理から探る太古の食生活 106

3.3 狩りをするヒトの積極的な環境への対処 108

3.4 大型哺乳類はなぜ絶滅したのか？ 110

3.5 氾濫原の自然と水田 112

3.6 植物資源の利用管理と生物多様性 114

3.7 イギリスの田園生態系 116

3.8 近代農業がもたらした生態系の危機 118

3.9 拡大造林がもたらした生態系の不健全化 120

3.10 淡水生態系の危機 122

3.11 カタストロフィックシフト——生態系の非線形な変化

124

3.12 エコロジカルフットプリント 126

3.13 カエルの受難 128

3.14 ミレニアム生態系評価①——数字で見る生態系の変化

130

3.15 ミレニアム生態系評価②——生態系サービスと人間の幸福

132

3.16 生態系サービスのバランスシート 134

3.17 外来種はなぜ強い？ 136

3.18 外来種によるさまざまな影響 138

3.19 絶滅のおそれのある動植物　140

3.20 日本での絶滅のおそれの高まり　142

3.21 生態系修復＝自然再生の先駆け　144

3.22 順応的管理による生態系の再生　146

3.23 順応的管理プログラムの例　148

3.24 富栄養化と流域における生態系修復　152

参考文献　154

索　　引　160

An Illustrated Guide to Ecosystem

第0章

生態系のいろいろ

システムとしての生態系は，いろいろな空間的・時間的スケールでいろいろなとらえ方ができます。ここでは，そのイメージを幅広く紹介することを試みました。「生態系」という言葉を使うときには，どのイメージが当てはまる使い方かを意識することが必要です。

0.1 生態系の風景

　水がたまっているかどうか，樹木が生えているかどうか，人がどのように利用しているかなどが違えば，そこで暮らす植物や動物の種類も，それをとりまく環境も異なります。それは，異なる風景となって私たちの視覚に映ります。

　水質のよい浅い湖では，岸辺近くには多様な水草が生えています。水深に応じて，空気中に葉を出す**抽水植物**，水に葉を浮かべる**浮葉植物**，水のなかに沈んでいる**沈水植物**が生育し，水中には，**植物プランクトン**，**動物プランクトン**，魚類，昆虫，エビなどの甲殻類，貝類などが暮らしています。

　草原の生態系では，ススキなどの**イネ科草本**（草）が優占しています。冬に地上の葉が枯れ，春先には地表面にまで明るい日光が差し込むので，小型の植物がその下で花を咲かせます。草を刈ったり，火入れをしたりといった人間活動が草原の維持に欠かせません。草を食べたり，花から蜜を集めたりする昆虫や，それを食べる鳥などが暮らせるのはそのおかげです。

　森の生態系を特徴づけているのは，地上から十数 m 〜数十 m の高さに葉層をもつ高木です。雑木林であれば，コナラやクヌギなどがそれにあたります。その下には，それほどには高くない中低木が葉の層をつくり，さらにその下には，草本植物が生育します。上のほうの葉層が密であればあるほど，それより下の層の葉はまばらになっています。このように多層的な森林では環境も多様で，それに応じて多様な小動物や鳥，昆虫が互いに関係をもちながら暮らしています。土壌表面では落ち葉を食べる土壌昆虫や，さらにそれを分解する菌類などの活動も盛んです。

　水田の生態系は，人間による水管理や耕作が，その環境の特徴を決めています。優占する植物はもちろんイネですが，コナギなどの水田雑草も生えています。ウンカなどのいわゆる害虫や，クモやトンボなどの益虫，アメンボなどその他の昆虫や，タニシやイトミミズなどが生活しています。オタマジャクシの時代を田んぼで過ごすカエルや，それらを食べにやってくるサギなどの水鳥もみられるでしょう。

　生態系を構成する生き物は，互いに関係しあい，その場所に特有の物理的な環境の影響のもとで生活しています。実際の生態系は，右のイラストの生態系

生態系の風景

のように単純なものではありません。生き物の種類も多く、それらの間の関係も、複雑に入り組んでいます。

0.2 バイオーム（生物群系）

　地球上には，見た目にも，生き物の生活からみた特性においても，大きく異なる広域的な**生態系タイプ**をいくつかに区別できます。それが，気候帯に対応する生態系区分，**バイオーム**（生物群系）です。外観において生態系を特徴づけているのは，その場に優占する植物です。そのため，バイオームは植物の集まりの見た目のありさま（**相観**）で区分され，優占する植生に応じて，草原あるいは森林としての名称が与えられています。

　それぞれのバイオームを相互に区別する**気候因子**は，植物の成長に大きな影響を与える**気温**と**降水量**です。右のイラストでは，年平均気温と年間降水量の二次元空間の上に主要なバイオームの範囲が示されています。

　気温と降水量の両方に恵まれ，樹木の生育が可能な地域には，森林が発達します。年平均気温がおよそ 20℃ 以上，年間降水量がおよそ 2,000 mm 以上で，一年中温暖で降水量が豊富であれば，そこには**熱帯多雨林**がみられます。それは，地球上において最も生物の多様性の大きいバイオームです。そこには，常緑広葉樹の高木がうっそうと茂り，樹木の種類がきわめて多く，木の葉や樹液などを餌とする昆虫の種類もおびただしい数にのぼります。樹木以外の植物も，昆虫以外の動物も多様で，落葉を分解する土壌動物や微生物の活動も活発です。

　一方，熱帯でも季節的に降水量が不足する地方には，その季節に樹木が落葉する**雨緑樹林**がみられます。さらに降水量が制限されると，**サバンナ**のような灌木の交じる草原となります。そこは，大型の草食動物と，それを狙う肉食動物の進化した舞台であり，哺乳類どうしの食べる，食べられるといった熾烈なドラマが展開しています。それらの動物の命を支えているのが，乾燥に適応した草や灌木です。

　さらに降水量が少ない地域には，ほとんど植生の発達しない**砂漠**が広がります。けれども，現在，アフリカやユーラシア大陸に広がる砂漠の大部分は，古代の文明にはじまる森林破壊や草原の過剰利用という人為的な干渉によって形成されたものと考えられています。古代以前にはじまった人間活動による植生の破壊は，砂漠化を通じて気候までも変化させました。その変化は，現在ではさらに加速され，いまでも砂漠の拡大が続いています。

バイオーム（生物群系）

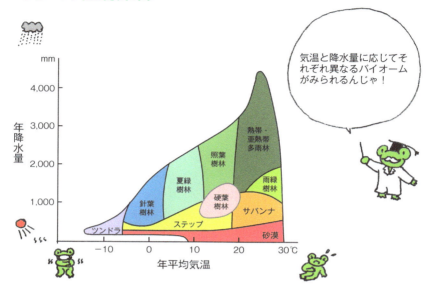

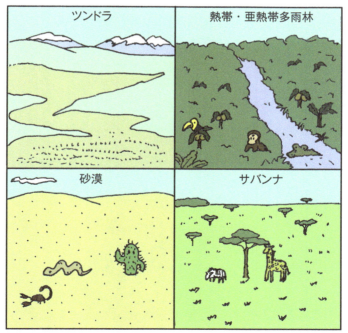

温帯では，冷涼な地域には**針葉樹林**，あるいは針葉樹と落葉広葉樹の**混交林**，温暖な地域には**常緑広葉樹林**（**照葉樹林**），その中間に**落葉広葉樹林**（**夏緑樹林**）がみられます。降水量の少ない地域や放牧圧の高い地域では，地域ごとに，**ステップ**，**プレーリー**，**パンパス**などの名称で呼ばれる広大な草原が広がっています。

　北半球の高緯度地方に分布する北方針葉樹林は，**タイガ**とも呼ばれ，広大な地域が1種か2種のマツ科の樹木の植生で覆われます。緯度が高くなるにつれて，樹木の密度が低くなります。

　極地に近い地方や高山地域では，土壌に永久凍土が発達し，草本やコケ・地衣類などからなる，まばらな**ツンドラ**植生がみられます。

　これらの主なバイオームが地球上にどのように分布しているかを示したのが，右のイラストです。現在では，農地や市街地の開発や植林により，地域を特徴づけるバイオームにあたる植生がほとんど残されていない地域もめずらしくはありません。バイオームの世界地図には標高の高い山地のバイオームが示されていないので，地球上のバイオームの実際の平面分布とはやや異なります。たとえば，北アメリカのロッキー山脈やユーラシア大陸のヒマラヤ山脈が位置する場所では，表示されている色にかかわらず，標高に応じて，夏緑樹林や針葉樹林もみられ，さらに高い標高では高山ツンドラが発達しています。北半球のバイオームを緯度と標高高度に対して表示すると下のイラストのようになります。

　すでに述べましたが，人間活動もバイオームの分布を変えました。古い時代には森林であった文明発祥の地とされる地域で今では砂漠になっている場所も

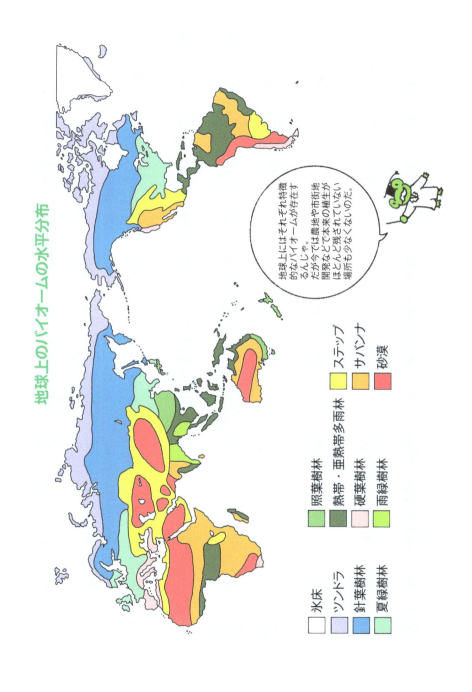

少なくありません。

　バイオームは主に陸域の生態系の森林や草原の相観（みた目の様子）によって区分されています。

　一方，水のなかには水生生物がつくる生態系がみられます。

　河川，湖沼などの**淡水生態系**は，面積にすれば陸地のごく一部を占めているにすぎませんが，淡水が満たされた環境に適応した水草，魚類，水生昆虫などがつくる，陸域にはない生態系がみられます。イラストに示したように，河川の水域だけではなく，増水時に冠水する**氾濫原**が広がり，その環境に適応した河原固有の植物やそれに依存する昆虫が生活しています。

　水の惑星ともいわれる地球では，海洋が面積にして約3/4，水の体積では陸上に存在する水，すなわち河川・湖沼・湿地に存在する水および地下水の100倍以上の大きな比率を占めています。海水の塩分濃度は3.5 ～ 5%ですが，河川の下流域や**干潟**など沿岸の湿地には淡水と汽水が混じりあう**汽水域**がみられます。

　海水で満たされている**海洋**は比較的環境変動が小さいものの，深さによって光や圧力などの環境要因が大きく変化し，深さに応じて異なる生態系がみられます。水の濁りのない外洋でも海面からの深さが150 mほどまでしか光が届きません。植物プランクトンが光合成生産できるのはその深さまでです。それより深い深海層では，化学合成細菌による有機物生産やマリンスノー（上から降りそそぐプランクトンの死骸や排泄物，その分解物など）に依存した特殊な生態系がみられます。イラストには化学合成細菌の活動の場である深海の熱水噴出孔の近くの様子が描かれています。ハオリムシは硫黄酸化細菌を細胞内に共生させています。

いろいろな生態系

陸域，水域，それぞれ特徴的な生態系が形成されてるんだ。

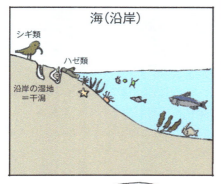

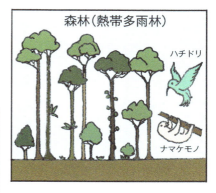

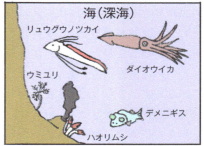

環境変動が少なく，光がほとんど届かない特殊な環境の深海では，ウミユリみたいな「生きた化石」やデメニギスのような変わった生き物たちが生態系をつくっているの。

0.3 日本のバイオーム

　モンスーン気候の影響のもとにある日本列島は南北に長く，標高の高い脊梁 山脈が走っています。そのため，南と北，低地と山地，太平洋側と日本海側では気温や降水量，およびその季節パターンが異なり，亜熱帯，温帯，亜寒帯にわたる多様なバイオームがみられます。

　概して降水量が豊富で比較的温暖な日本列島では，地下水が停滞するなどの特殊な環境の場所を除いて，本来は森林に覆われます。現在でも，国土の70%近くが森林で覆われる世界有数の森林国ですが，その半分近くは，植林でつくられた人工林です。人工林の大部分がスギやヒノキの植林であり，その場所の本来のバイオームをわかりにくくしています。

　日本列島の主なバイオームは，照葉樹林，夏緑樹林，針葉樹林からなる温帯林です。南西諸島には亜熱帯照葉樹林がみられます。

　日本列島を南から北へと水平に，あるいは低地から高地へと垂直に移動するにつれて，シイやカシが優占する照葉樹林から，ブナが優占する落葉樹林へと，森林植生はゆるやかに移行します。

　さらに標高の高い山地高地や北方の北海道では，シラビソ，オオシラビソ，トドマツなど，モミ属の常緑針葉樹が優占する森林がみられます。針葉樹林は，本州では標高が1,800 m以上の亜高山帯にみられますが，北海道では低地にも針葉樹林がみられます。実際には，針葉樹に落葉樹が交ざっている森林も多く，それを混交林と呼んでいます。現在では，もともとのバイオームを反映する森林はわずかしかみられず，人工林や伐採跡に発達した二次林となっています。

　高山の山頂付近に，樹木の生育しない小規模な高山ツンドラがみられる場合もあります。また，地下水が停滞するような場所では，森林は発達せず，多様な規模と性格の湿地がみられます。

　日本の生物相が世界有数の豊かさを誇っているのは，狭い国土に多様なバイオームがみられることにもよっています。

　日本列島は南北に長く，脊梁山脈には高山帯もあるので，場所による気候のちがいが大きく，亜熱帯から亜寒帯，高山ツンドラまで，多様な気候帯がみられます。降水量が比較的多いため，高山や地下水位が高い湿地を除き，ほとん

10　第 0 章　生態系のいろいろ

日本のバイオーム

どの場所が森林に覆われます。しかし，森林は人工林の比率が高く，低地は農地などとして開発されており，気候帯本来のバイオームが残されている地域は限られています。

右のページには，気候帯に応じて本来どのようなバイオームが成立するか，主要なバイオームをイラストで示しました。

高緯度地域や高標高の**亜高山帯**（中部地方では標高 1,800 m 以上の山地）には，本州ではシラビソやオオシラビソ，北海道ではエゾマツなどの針葉樹が優占する森林がみられます。それよりも標高の低い冷温帯にはブナやミズナラなど冬季に葉を落とす落葉樹が優占する夏緑樹林が広がります。冬季の温度が高く積雪の少ない**暖温帯**の**照葉樹林**を構成するのは，スダジイやタブノキなどの照葉樹です。南西諸島には，ヒカゲヘゴなどの**木生シダ**やヤシ類を交え，熱帯林と共通する常緑樹も含む**亜熱帯照葉樹林**がみられます。

日本列島では，古くからの人間活動によって，とくに暖温帯の本来は照葉樹林になる地域では，自然林はわずかにしか残されていません。現在みられる森林のほとんどが**人工林**や**二次林**であり，スギ，ヒノキ，カラマツなどを植えてつくられた人工林は，国土の森林面積の半分以上を占めています。

日本列島に広くみられる**アカマツ林**は代表的な二次林です。アカマツはもともと山の尾根や崖地など土壌が乾燥する場所や過湿な湿地など，森林が発達しにくい場所に生えます。自然の植生が伐採などで失われた後の明るい環境に，アカマツ林が自然に成立し，伐採，火入れなどがくり返されることで維持されました。**コナラ林**も，自然林の伐採跡地に成立する二次林であり，伐採後の萌芽（再生）能力が高いため，くり返し伐採され，薪炭林などとして利用されてきました。

アカマツ林やコナラ林は，里山林として伝統的なヒトの暮らしを支えてきた二次林ですが，その有用性から，苗を植えて造林されることもありました。

日本の代表的なバイオーム

0.4 窒素が循環する生態系

　窒素は，炭素，酸素，水素などとともに，生物の体をつくるタンパク質や，遺伝物質である核酸などの主要な成分です。そのため生物は，アンモニウム塩や硝酸塩などの無機の窒素，あるいは餌とする生物の体から窒素を含む有機物をとらなければ，生きていくことができません。窒素は，化学的に比較的安定な窒素ガスとして，大気中に大量に存在しています。しかし，**窒素ガスを直接利用できる**のは，ごく限られた微生物だけです。

　右のイラストには，生態系における**窒素の循環**の主要な部分が示されています。窒素は，雷などの非生物的なプロセスによっても，大気と土壌や水界の間で，化学的なかたちを変えながら移動します。雷の空中放電で**硝酸塩**が合成され，雨粒に溶けて地上に降り注ぐ一方で，イラストには示されていませんが，有機物の燃焼によって**窒素酸化物**が大気に放出され，それがまた雨や霧とともに地上に戻ってきます。

　生物のはたらきによって，窒素はいっそうダイナミックに，大気，土壌，水，生物の体の間で化学的なかたちを変えながら循環します。大気中の窒素ガスを生物が利用できるかたちに変える役割は，ラン藻，根粒菌やその他の細菌など，**窒素固定**の作用をもつ微生物が担います。窒素固定微生物の一部は植物と共生関係にあり，固定された窒素分は，植物による有機物の生産を支えます。植物の体の一部となった窒素は，食べる‐食べられるの関係を通じて，または分解者のはたらきにより，生物の体や排出物のかたちで異なる生物に次々に受け渡されていきます。一部の細菌は，**脱窒作用**によって，硝酸塩から窒素ガスを産生して大気中に放出します。このように，窒素は大気と生物の生きた体と遺体や排出物に貯留され，多様な生物の作用，あるいは非生物的な過程によって循環しています。

　現在では，化学工業において，大気中の窒素と水素を直接化合させて，**アンモニア**を大量生産しています。その量は，自然の窒素固定を超えるまでになっています。工業的に固定された窒素化合物は肥料として大量に農地に投入され，作物に吸収されなかった余分の窒素分は硝酸塩として地下水を汚染したり，河川，湖沼，海などを富栄養化するなどの問題を引き起こしています。

窒素が循環する生態系

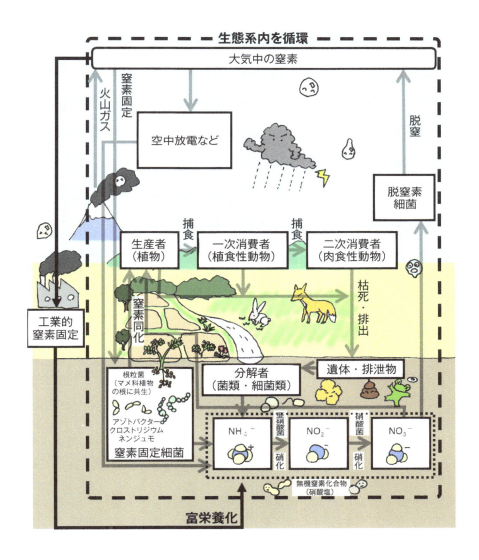

　すなわち，窒素の循環は非常に大きな人為的改変を受けており，その帰結である**富栄養化**は，川や湖，そして海洋の生態系を大きく変化させています。

0.5 炭素の貯留と循環

　炭素も，窒素と同様，生物の体をつくる重要な元素です。生物の体をつくるあらゆる**有機物**は炭素がつながった骨格をもっており，炭素は，文字どおり生命の骨格をなすともいえる元素です。生物の体をつくる炭素化合物のなかには，**リグニンやセルロース**など，化学的に非常に安定で分解されにくいものもあり，太古の昔の生物がつくり出した**炭素化合物**がそれほど大きな化学的改変を受けずに，海底などに蓄積しています。その一部は石炭や石油となり，掘り出され，燃料として利用されています。

　右のイラストには，**炭素の貯留**（プール）と**循環**が示されています。生物の生きた体，または過去の生物の生産物として蓄積している炭素の量は，膨大な量に上ります。このように，生物の体や遺体と，海洋や海底と地下の**化石燃料**としてたまっている一方で，大気にも**二酸化炭素**として相当量の炭素が貯留されています。それが植物の光合成によって有機物として固定（炭酸固定）され，生物の体をつくり，また，生活を支えるエネルギーの源泉となるのです。

　生物の**食べる－食べられるの関係**を通じて，植物が固定した炭素は他の生物の体にとり込まれますが，窒素の場合との大きなちがいは，その過程で呼吸によって二酸化炭素のかたちで直接大気中に放出されるということです。光合成で炭素を固定する植物自身，呼吸によりその一部を大気に戻します。動物を食べる動物も，植物の遺体を分解する微生物も，その活動が盛んであればあるほど，活発な呼吸によって二酸化炭素を放出します。

　生態系において，植物の**光合成**による**炭酸固定**と，あらゆる生物の**呼吸**による**二酸化炭素の放出**が，量的につりあっているかについては，必ずしも十分に理解されているとはいえません。呼吸も光合成も，環境条件しだいで大きく変動するからです。たとえば，温度がある範囲を超えて高くなると，光合成は抑制されますが，呼吸は増加していきます。そのような条件では，森林においてすら呼吸による炭素の大気中への放出が，吸収を上回ることになるのです。

　炭素の循環も，人間活動によって大きく変化させられています。化石燃料の大量使用に伴う二酸化炭素の放出に加え，二酸化炭素の吸収に寄与する森林の喪失などが，大気中の二酸化炭素を増大させています。

炭素の貯留と循環

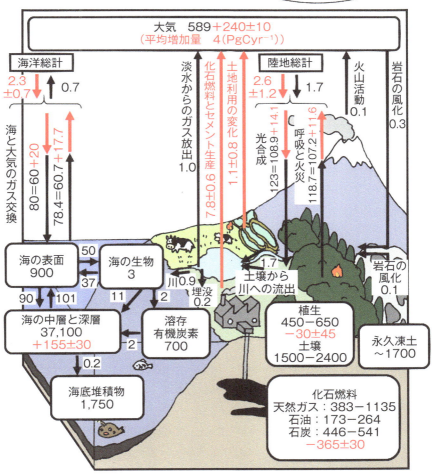

〔IPCC（2013）より改変〕

0.6 生態系に広がる食物網

　生態系のなかには，さまざまな生物間の関係が含まれていますが，生態系のなかでの**元素の循環**や**エネルギーの流れ**を主に駆動するのは「**食べる－食べられる**」の関係です。植物は，ごく例外的な場合を除くと食べられる役割ですが，動物は，食べる側にも食べられる側にもなります。生態系のなかで，何が何をどのくらい食べているか，また，それが条件に応じてどのように変化するかは，生態系を理解する重要なポイントのひとつです。

　食べる－食べられるの関係を介した生物のつながりが**食物連鎖**ですが，ある植物あるいは動物を食べる動物は1種類とは限らず，また1種類の動物が何種類もの動物や植物を食べることもめずらしくありません。そのため，食べる－食べられるの関係で結ばれた生物のつながりである食物連鎖は，枝分かれしたり，つながりあったりして，全体としては関係が網目状に絡みあっています。この網目状の食べる－食べられるの関係の総体が**食物網**です。

　水田は，稲作のために人間が管理する比較的均一で単純な生態系です。右のイラストには，水田に広がる食物網の主要な部分が示されています。

　イネの害虫ウンカはイネを食べます。そのウンカはクモに食べられます。そのクモはカエルに，カエルはサシバに食べられるというように，食べる－食べられるの関係を順々にたどっていくことができます。それが食物連鎖です。

　しかし，イネを食べるのはウンカだけではありません。バッタやザリガニもイネを食べます。カエルを食べるのはサシバだけとは限りません。チュウサギやヘビもカエルを食べています。ザリガニはイネを食べるだけではなく，雑草のコナギを食べ，カエルはオタマジャクシのときにはタガメやゲンゴロウなどに食べられ，それをチュウサギが食べます。また，イネだけではなく，コナギなどの水田雑草からはじまる食物連鎖も絡まりあって食物網をつくっています。

　単純な生態系でも，詳細に調べてみると，食物網は相当複雑です。何らかの理由で，そこからある1種が欠けたとき，食べる－食べられるの関係を通じて，その影響がどのように広がっていくのか，それを予測するのは容易なことではありません。動物は，食べ物（餌）が欠乏すれば，豊かなときには見向きもしなかった餌を食べるようになることもあるからです。

生態系に広がる食物網
～水田の生態系の例～

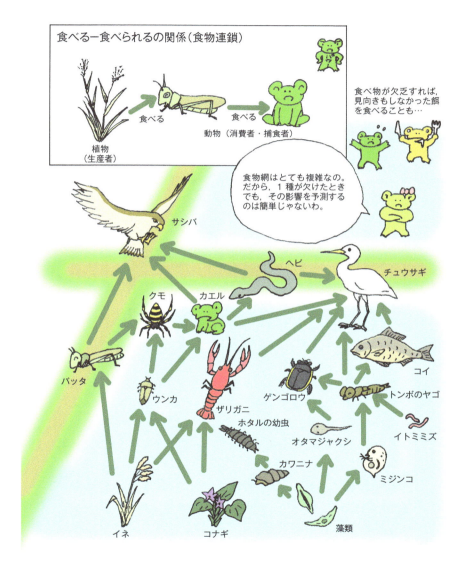

0.7 生態ピラミッド

　生態系には，多様な生物と，それらの間のいっそう多様な関係が含まれています。生態系に含まれている生物は，エネルギーの流れからみた生態系における役割から，**生産者**，**消費者**，**分解者**の3グループに分けることができます。

　生産者は，光合成によって有機物を生産する役割を担う生物で，**大型の植物**，**植物プランクトン**，**光合成細菌**などが含まれます。陸上では，主に大型の**維管束植物**（種子植物とシダ植物）がその役割を果たします。

　植物を食べる動物は，植物の生産物を消費する消費者です。植物を食べる動物を**一次消費者**，植物を食べた動物を食べる動物を**二次消費者**，その動物を食べる動物を三次消費者と呼んで，区別することもあります。実際には，動物は，植物も動物も食べることもあるので，ある動物が何次の消費者なのかを判断するのは難しいです。

　生産者も消費者も，その遺体は，土壌動物や微生物のはたらきによって分解されます。最終的には，水，二酸化炭素，窒素塩やリン酸塩などに分解され，再び生産に利用可能な原材料に戻るのです。

　生態系のメンバーとなっている生産者と消費者のバイオマス（生物体の乾燥重量）や個体数などを測って，その多さを生産者を土台にして積み上げてみると，バイオマスに関しては，ピラミッド型に表すことができます。**バイオマスピラミッド**です。ピラミッド型になるのは，動物が餌を食べても栄養のすべてが身につくわけではなく，未消化なまま排出される部分が少なくないこと，また，呼吸でエネルギーが引き出される際に二酸化炭素や水が生成することによっています。動物の体への歩留まりは餌に応じて異なりますが，それは決して高いものではありません。

　バイオマスにみられるこの傾向は，多くの場合，個体数でみても成り立ちます。高次の消費者となる動物ほど体が大きいことも，その理由のひとつです。しかし，動物は，自分よりも体の大きな生物を餌とすることもあり，バイオマスやエネルギーで表す場合とは異なり，個体数はきれいなピラミッドをつくらないこともあります。

　右のイラストには，フロリダの淡水生態系シルバースプリングのバイオマス

生態ピラミッド

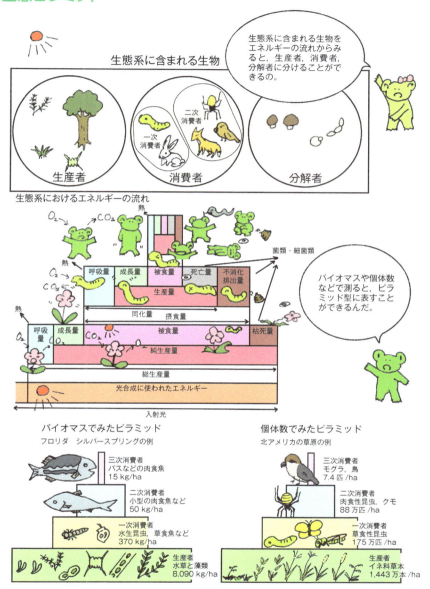

ピラミッドと，北アメリカの草原の個体数でみた**生態ピラミッド**の例が示されています。いずれも比較的単純な生態系の事例です。

0.8 生物間の関係がつくる生態系

　生態系は，そこで生きるすべての生物，それらの生物にとっての非生物的な環境要素，そしてそれらのすべての間の関係からなる**システム**です。それは単なる要素の集まりではなく，**要素と関係の集合**です。**生態系の構造や機能**を理解するためには，非生物的な環境要素が生物に及ぼす影響（作用）だけではなく，生物間のさまざまな関係に目を向けなくてはなりません。

　生物間の関係のなかには，**食べる—食べられるの関係**や，寄生する者と寄生される者（宿主）のような，一方が不利益を受ける関係ばかりではなく，少なくとも一方が利益を受け，双方とも不利益を受けることのない関係もあります。それが共生関係です。

　植物が一方の主役となる**共生関係**の主なものには，栄養共生，種子分散共生，防衛共生，送粉共生などがあります（2.5節参照）。植物がつくる構造は，動物に棲みかや隠れ場所，産卵場所などを与えます。植物の体のなかに共生する**エンドファイト**と呼ばれる微生物群が植物を病気や食害から守るはたらきをしていることも明らかにされています。

　このような多様な生物間の関係が，網状に生態系のなかに広がっているのです。私たちは，生態系のなかに広がるさまざまな**生物間相互関係**のうち，ごく一部しか知りません。

　私たちの体のなかや表面には多くの細菌が暮らしていて，健康の維持にも重要な役割を果たしています。多様な**腸内細菌**が相互にかかわり合いながら活動することが，食物の消化のみならず，脳のはたらきにも影響を与えること，皮膚の表面で暮らす細菌のなかには美容にとって重要な保湿成分を分泌するものがいることも知られるようになってきました。このように，細菌や菌類などの微生物と動物，植物との間の多様な関係が少しずつ解明されるようになってきたのは比較的最近のことです。

　生物間の関係は，イラストに描かれている目につきやすい動物や植物の関係だけではなく，

生物間の関係がつくる生態系

微生物がかかわる，目には見えにくいものの，動植物の生存や生態系のはたらきにとって重要な関係がきわめて多く存在することを忘れてはいけません。

0.9 シャーレのなかの生態系

　生態系の空間的な範囲は，何を目的に生態系について調べたり考えたりするかに応じて，自由に決めることができます。さらに生態系は，生物の動きや物質の移動・循環などにより，閉じた系というよりは，ほかの生態系と密接な関係をもつシステムです。

　空間的なスケールの小さな生態系として，水たまりのように，自然の境界が明瞭な生態系もあります。たとえば，人間が切りとった後の竹の切り株に雨水がたまったとしましょう。そこにはラン藻や微生物や小さな昆虫が棲み込み，独自の世界として生態系ができ上がります。そこに棲み込んだ生物は，互いにさまざまな関係をもち，食物網が発達し，物質循環も起こります。小さくとも，多くの要素と関係が存在しています。

　生態学の研究のためには，いっそう単純な生態系をつくり出し，そのなかでの生物種どうしの関係を実験によって研究することが好都合なこともあります。自然に存在する生態系は，たとえ小さくても複雑で，そのすべてを把握して研究することはできないからです。

　右のイラストに示したのは，実験研究のためにシャーレのなかにつくられた単純な生態系です。そこで生活するのは，**マメとマメゾウムシ**とそれに寄生する**寄生バチ**だけであり，ガラスで閉じられた空間のなかで，一定に制御された温度などの非生物的環境因子が加わって，生態系が構成されています。

　この実験は，生産者としてのマメ（もっとも，このシステムのなかで生産が行われるわけではなく，生産物として与えられているだけですが）が，小豆なのか，大正金時なのか，ブラックアイなのかのちがいに応じた生態系のなりゆきのちがいを観察したものです。

　小豆のシャーレでは，マメゾウムシが適度に繁殖でき，寄生バチも適度に寄生して3種が共存します。比較的安定な生態系がシャーレのなかに成立するのです。小豆より大きな大正金時のシャーレでは，マメゾウムシは旺盛に繁殖するのですが，寄生バチは寄生できずに絶滅してしまいます。マメの奥深くに隠れたマメゾウムシに，産卵できないからです。小豆より小さなブラックアイでは，ほとんどのマメゾウムシが寄生バチに寄生されて絶滅してしまい，餌を失っ

シャーレのなかの生態系

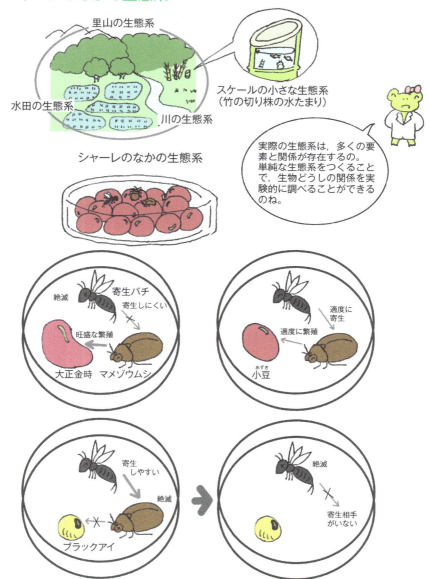

た寄生バチも絶滅してしまいます。マメの大きさのちがいが，寄生バチの寄生しやすさに影響を与え，生態系の運命にちがいをもたらすのです。

0.10 サービスを提供する生態系

　右のイラストには，生態系を人間の都合でみたときのキーワードである**生態系サービス**（詳細は 3.15 節参照）でみた生態系のイメージが描かれています。近年，埋め立てなどでめっきり減ってしまった**干潟**を例としたものです。

　私たち人間は，生態系のはたらきによって提供されるさまざまなサービスを，意識的，無意識的に利用しながら生活しています。生態系サービスとは，生態系の機能を通じて直接的，間接的に私たち人間にもたらされる物質的，精神的なあらゆる便益をさします。人間の幸福で安寧な生活にとって欠かせない生態系サービスが過不足なく提供される生態系は，私たち人間からみて「**健全な生態系**」であるといえます。

　干潟には，陸側から富栄養化した水が流れ込みます。満潮時には，水中から泥へと有機物，窒素やリンを含む栄養物質などがとり込まれます。干潮時には，栄養分に富んだ泥をゴカイ，貝類，カニなどが食べます。その死骸や排泄物が分解されて再び水に溶け込むことにより物質循環が進みます。その過程で，栄養物質がこれらの動物の体を構成する養分となって水から除かれたり，さらにこれらの動物を干潟に群れる鳥が食べることで，干潟から栄養物質が持ち出され，水が浄化されます。

　干潟の**水質浄化**のはたらきを浄水施設をつくって人工的に代替しようとすれば，建設費や稼働のための費用など大きなコストがかかります。そこで生活する多様な生物の連携プレーによって物質循環と水質浄化が担われている干潟の価値は，人工的な浄水施設に匹敵するか，それ以上のものといえるでしょう。

　干潟は，さらに多様な生態系サービスを提供しています。渡り鳥に繁殖地や越冬地を提供し，**バードウォッチング**の楽しみを人々に与えてくれます。干潟の生き物は，潮干狩りなどの**レクリエーション**の機会も提供します。また，広々としたその空間を眺めるときの爽快感は，日ごろの疲れを癒やしてくれるにちがいありません。

　人工的な浄水施設は，水質浄化の機能だけを代替してくれますが，生態系は，このように多様なサービスを同時に提供してくれます。ただ，そのありがたさは，それが失われてはじめて気づかされるのが普通であり，**生態系の不健全化**

サービスを提供する生態系
〜干潟の生態系の例〜

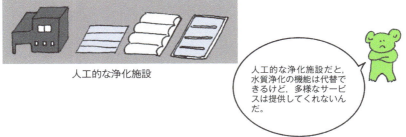

は，多くの生態系において急速に進んでいます。日本では干潟の多くがすでに埋め立てられ，かつて人々が享受した多様なサービスが失われてしまい，その享受を経験することもできなくなっています。

An Illustrated Guide to Ecosystem

第 1 章

生態系を理解するための基礎用語

生態系を理解するためのいくつかの基礎用語について解説します。これらのキーワードの意味を知ることは，生態系を読み解くためには欠かせません。また，これらの言葉を理解することによって，生態学の基本的な考え方を身につけることができるはずです。

1.1 環境：資源／条件

　最近では，「**環境**」という言葉がよく使われます。「環境と経済の両立」「環境と経済の好循環」など，経済と対比させて使われることも少なくありません。もちろん，この場合の環境は，人間あるいは人間社会を主体（中心）として，それをとりまき，また影響を及ぼす物や現象，すなわち気候，水，自然，汚染などを幅広く表しています。経済と対比される場合には，人間の活動によって生じ，人間の活動や社会に影響を与えるさまざまな環境の変化がもたらす問題や，その解決に向けた対策や配慮などにもかかわる多様な意味が込められています。ときには，この環境とほとんど同じ意味で，「**生態系**」が使われることもあります。

　生態学で「環境」という言葉を使うときには，その主体は人間とは限りません。特定の生物あるいは生物の集まりを主体とし，それらの活動に影響を与える周囲のさまざまな事物をさして「環境」という言葉が使われます。また，環境を形づくる事物を要素に分けて，環境の作用をより具体的に研究したり，分析したりするのが普通です。その要素を**環境因子**あるいは**環境要因**と呼びます。

　生態学では環境要因を，その生態的な役割のちがいから，「**資源**」と「**条件**」の2つに大きく分けて考えます。「資源」とは生物の生活に必要なもので，消費されたり，占有されたりすると枯渇や不足が生じるものです。同じ資源を必要とする生物の間では**競争**が起こります。資源を利用することに長けている生物は競争力が大きい生物です。

　生物の種類ごとに，餌や棲みかなど，生活に必要なもの，つまり必要な資源としての環境の要素は異なります。植物にとっては，光合成に必要な光，水，栄養塩（窒素，リンなどの塩で肥料分）などが重要な資源です。光をめぐっては地上で，栄養塩や水をめぐっては地下で，競争が起こります。花を咲かせた植物にとっては，花粉を運んでくれる昆虫が重要な資源です。そのサービスをめぐって競争が起こります。動物にとっては，種類ごとに異なる餌や巣をつくる場所などが資源となり，それをめぐって競争が起こります。

　それに対して，生物の活動に影響を及ぼすけれども，消費されたり，占有されたりすることのないものは「条件」です。「環境条件」と呼ぶこともあります。

環境:資源／条件

温度や湿度などのほか,その場所の生物にありがたくない影響を及ぼす環境汚染物質などもこれにあたります。

1.2 生物的環境と非生物的環境

　温度，湿度，流速，水質，化学物質などといった物理的な条件は，生物の生活にさまざまな影響を与えます。それらを**非生物的環境因子**と呼ぶこともあります。たとえば，光，温度，水分などの非生物的な環境因子は，光合成による生産を支配し，植物の成長や繁殖に影響を与えます。一方で，生物間の関係（生物間相互作用）を介して，ほかの生物も，主体の生物の活動に，ときには生死をも左右するような影響を与えます。それらは**生物的環境因子**です。生物的な環境因子は，非生物的な環境因子よりも，さらに多様性や変動性に富んでいます。生物間相互作用が選択圧となってもたらされる適応では，適応進化（1.4節参照）が起こると，選択圧となった生物的環境そのものが変化し，適応がまた新たな適応を誘い，無限に多様性を生み続ける可能性があります。

　たとえば，食べる－食べられるの関係がもたらす適応を考えてみましょう。天敵から逃れることは，生き死にに大きな影響を与えるため，生物にはほかの生物に食べられないためのさまざまな適応がみられます。天敵から逃げるための速く走れる脚や，歯が立たないような硬い殻などがその例です。

　バハマ諸島のサンゴ礁の島に化石として残された**カタツムリの殻**を調べてみると，氷期と間氷期のくり返しによる海水面の上下と関連して，大きさにちがいが認められます。カタツムリの殻は間氷期には小さく，氷期には大きいのです。海水面が下がる氷期には，クイナなどの捕食者が食べにくい大きな殻をもつことが有利ですが，海水面が高い間氷期になると，飛べない鳥は島から絶滅してしまうので，コストのかかる大きな殻は無用の長物で，むしろ不利になるのです。

　天敵からの最も完璧な防御は見つからないことです。見つからなければ食べられることはありません。そのためには，自然物に化けたり，背景に溶け込んだりするのも敵の目を逃れるためには有効です。体の色や模様が，その生活場所に応じてうまく背景に溶け込むような生物も少なくありません（2.12節参照）。

ストーンプランツ

生物的環境と非生物的環境

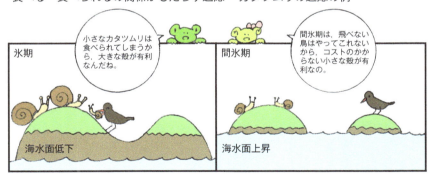

食べる－食べられるの関係がもたらす適応 〜カタツムリの適応の例〜

砂漠の**ストーンプランツ**は，その名のとおり石に化けていますが，それは厳しい環境のもとで苦労して稼いだ有機物を動物に食べられないための工夫です。そのほかにも，とげ，針，毒など，天敵に食べられないように，植物も動物も何らかの手段で防御をしているものが少なくありません。

33

1.3 生態的地位，ニッチ

　生物は，その種類ごとに，生活に必要とする資源や条件が異なります。生活に必要な資源が同じ生物が同じ場所で生活すると，その資源を奪いあい，競争が起こります。競争に強い種類が資源を独占し，競争に敗れた種類はその場所での生活が難しくなります。それぞれの生物種がどのような資源を利用しているのか，あるいはどのような条件の範囲で生きていくことができるのかを知ることは，その種の分布，個体群の数の変化，種の間の関係などを理解したり，予測したりするために必要です。

　その生物が，多様な資源や条件について，それぞれどのような要求性をもっているかで特徴づけられる生態学的な総合特性を，**生態的ニッチ**（または単にニッチ）と呼びます。それは，その生物の生態系における地位を表しているともいえ，**生態的地位**と呼ぶこともあります。たとえば，鳥類を餌と生息場所の2つの特性に注目して，ニッチを右のイラストのように二次元的に示すこともできます。とり上げる特性が多くなれば，紙面に表すのは難しいのですが，二次元（2つの特性）の場合と同様に，多次元空間にその範囲を示すことができるのです。

　右のイラストは，身近な鳥の生態的ニッチを示したものです。キジバトは，スズメやシジュウカラと，それぞれニッチが重なっています。サシバとオオタカ，あるいはサシバとイヌワシの間では，相互にニッチは重なりませんが，オオタカとイヌワシの間には重なりがあることがわかります。

　競争相手がいない場所でのニッチ（**基本ニッチ**）は，競争相手がいる現実のニッチ，すなわち**実現されたニッチ**に比べると，ずっと広いのが普通です。それは，強い競争相手がいると，それが利用する資源が利用できなくなってしまうことによっています。

　競争相手がたくさんいる場合には，それぞれのニッチは，単独の場合に比べると狭められています。種の間でニッチを分割して共存を図っているとみることができ，それをニッチ分割と呼んでいます。たとえば，マルハナバチの仲間は，餌を花に依存していますが，舌の長さに応じて利用できる花が異なり，それによって，餌に関するニッチをある程度分割していると考えられます。

生態的地位，ニッチ

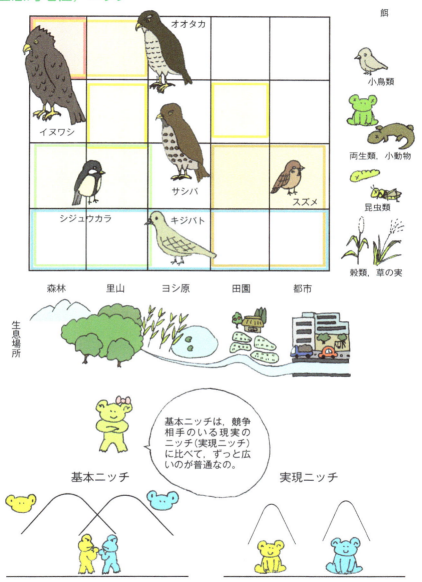

人と人との関係でも，ニッチを完全に重ねないようにすることは，長く友好関係を保つ秘訣といえるのかもしれません。

1.4 自然選択による進化

　生態的な現象を理解したり，解釈したりするためには，**自然選択**による**進化**について理解しておくことが欠かせません。自然選択による進化は，**ダーウィン**（C. R. Darwin）がその著書『種の起源』（1859）で，はじめて明瞭に表現したアイデアですが，今日の生態学では，その一連のプロセスを測定したり，理論的に予測したりする研究も盛んに行われています。

　自然選択は，次の(1)～(3)の条件がそろったときに起こる現象です。

(1) 個体群（生物の集団）のなかで，表現形質（たとえば体の色）に**変異**（**個体差**）がみられる。

(2) **適応度**（生じる子の数や生死を総合して，ある個体が次の世代に残す繁殖可能な子の数）に個体差がある。

(3) 表現形質と適応度の間に何らかの特別の関係が存在する。右のイラストの例では，体の色が白いと天敵に見つかって食べられやすいという，体の色と適応度との関係を仮定していますが，ほかにも骨盤の大きさがある値よりも小さいと難産になりやすく子どもを残しにくいなど，さまざまな例を挙げることができます。

　この3つの条件がそろい，しかもその表現形質の変異が遺伝的なものであれば，世代を経るにつれて，その形質を支配する遺伝子の集団中での頻度が変化します。**遺伝子頻度**の変化が何世代にもわたって続くと，ごく低い頻度で存在するにすぎなかった**突然変異遺伝子**も，しだいに集団のなかに広がっていきます。これが「自然選択による進化」です。さらに，このような自然選択を受けた集団が親集団から切り離され，**隔離**されて自由な遺伝子の交流が断ち切られれば，種分化が起こり，2つの別の種へと分かれることもあるのです。

　右のイラストは，自然選択によってカエルの体色が**適応進化**する仮想的な例を示しています。白い体色のカエルの集団のなかに緑色のカエルが突然変異によって現れました。草むらに隠れると白いカエルよりヘビに見つかりにくいため生き残る率が高く，生じる子の数も多いため，世代を重ねるにつれて緑色のカエルの比率が増加します。何世代か経つと，ほとんどのカエルが緑の体色をもつ集団に変わっています。ヘビのいる環境に好都合なように，カエルの体色

自然選択による進化
〜カエルの色の進化の例〜

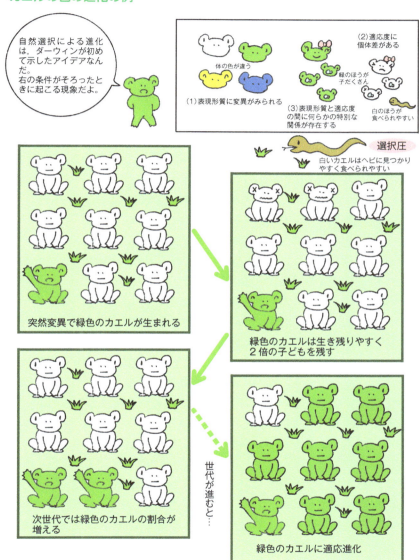

が適応する例です。このように，環境の及ぼすさまざまな作用に対して，生物は自然選択によって適応進化するのです。

1.5 植物と動物はどう異なる？

　植物と動物は，生態系における役割も，その生活もずいぶん異なっています。植物が動物と最も大きく異なる点は「**独立栄養**」であるということです。植物は，餌を食べなくても光のエネルギーを用いて有機物をつくり出し，それで体を大きく成長させたり，それを蓄えておいて必要に応じて活動のためのエネルギーを引き出したりすることができます。光合成のために光を吸収する色素をもつ植物は，緑色や紅色，褐色などの色をしています。植物はこの性質により，生態系のなかで**生産者**の役割を果たしています。陸上では，種子植物やシダ植物などの大型の植物が主な生産者です。水中では，微小な植物プランクトンとともに大型の藻類や海草などが生産者の役割を果たしています。

　独立栄養に対する言葉は「**従属栄養**」です。それは，動物だけではなく，多くの微生物の栄養のとり方にも共通します。すなわち，他の生物の生きた体や死体を餌としたり，寄生によって生きる生き方です。植物でも，ススキの根に寄生するナンバンギセルや，落ち葉やそれを分解する微生物から栄養をとるギンリョウソウのように，従属栄養のものもみられますが，植物としては例外的な生き方です。だから，色も姿も植物らしからぬ印象を与えるのです。

　植物の光合成による有機物の生産は，自らの成長や繁殖に必要なエネルギーや有機物を獲得するために重要なだけではありません。植物を餌とする動物，動物を餌とする動物，動植物に寄生する微生物，枯れた植物を分解する微生物，動物の遺体を分解する微生物など，生態系のあらゆる生物の生活を物質とエネルギーの面から支えるきわめて重要なはたらきです。動物は栄養の面では，植物に従属して生きているのです。

　動物は動くのに対して植物は動かないというのも両者の大きなちがいです。これは，植物は**固着性**であるといいかえることもできます。固着性とは，特定の場所に根づいていて，自由に動き回ることができないことを意味します。不適な環境から逃れるためにも，餌を探すにも，生殖のためのパートナーを探すにも，積極的に行動する動物とは大きく異なる生き方です。環境が変化すると，それに応じて形や性質を変える**順化**の能力をもつ植物も少なくありません。単に，消極的に環境に左右されているだけではないのです。

植物と動物はどう異なる？

1.6 個体と個体群

　植物も動物も，同じ種類（同種）や他の種類（異種）のものが，同じ場所で互いに関係しあいながら生活しています。右のイラストは，**生物の集まりを表す言葉**のイメージを示しています。

　生物の生きる単位は個体，人間でいえば個人です。個体は生き死にの単位であり，個体に自然選択が作用します。動物の個体は多くの場合，一目で見分けることができますが，植物では見分けが難しいことも少なくありません。樹木には多くの枝がありますが，それらすべてを含めて1本の樹木を1個体として見ることに，それほど違和感はないでしょう。一方，地下茎やほふく茎などで平面的に成長する多年生の植物では，地下茎などから成長（**クローン成長**）した部分も含めた全体を，動物や樹木の個体にあたる個体と見なければなりません。とはいっても，どこまでが1個体（＝**クローン**）なのか，見た目で見分けることは，それほど容易ではありません。成長するにつれて，地下茎が切れてばらばらに分かれ，それぞれの植物体が生理的には独立していることもあるからです。

　動植物とも，個体が孤立して生活していることもありますが，普通は集団で暮らしています。固着性の植物の集まり，あるいは群れをつくる動物では，目で見てその集団を確認することもできます。

　生態学では，同種の個体の集まりを**個体群**と呼びます。そして，同じ場所，同じ生態系で暮らしている異種の個体群の集まりを**生物群集**あるいは単に**群集**と呼んでいます。植物では，このような集まりのことを**植物群落**あるいは**植生**などと呼ぶこともあります。ある場所の生物群集のなかには，その存在や機能についていまだに気づかれていない微生物も含まれるはずですが，それらのすべてを認識することはできません。そのため，多くの場合，認識が容易な動植物あるいは動物だけを対象として，生物群集という言葉が使われます。

　生態系は，生物群集とそれに影響を及ぼしている**非生物的な環境因子**をすべて含む**システム**です。それぞれの生物種は，さまざまな環境要因に適応し，それに応じて進化した戦略をもって生きています。生態系のなかでは，それぞれの種の「個体群」が互いに作用しあいながら，「生物群集」としてひとつのま

個体と個体群

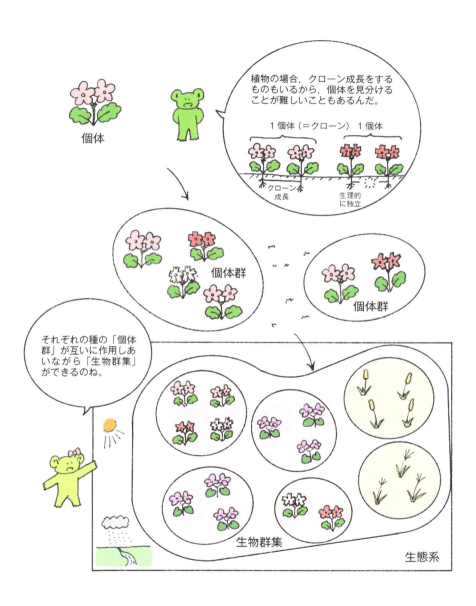

とまりをつくっているのです。

1.7 植物の生き残り戦略

　生態系における生産者であり，動物や微生物に生活の場を提供する植物の生活を知ることは，生態系を理解するための第一歩です。ここでは，植物の暮らしの原理ともいえる基本的な「**戦略**」を紹介します。

　生態学では，自然選択によって進化した形質を戦略と呼びます。自然選択は，その場の環境によく合ったさまざまな形質を，相互に矛盾のないように，総合的に生物に備えさせます。暮らしのあり方を意味する「**生活史**」は，その環境で生き抜くための戦略に満ちています。

　植物の生活において，重要な影響をもたらす環境の作用，すなわち，個体の適応度にマイナスの影響を与える環境の作用は，大きく次の3つに整理することができます。

(1) 資源をめぐる「**競争**」

(2) 生産を抑制する物理的作用である「**ストレス**」

(3) 植物体破壊作用である「**撹乱**」

　これらは日常用語としても使われますが，生態学では特別な意味を込めてこれらの言葉を使います。競争とは資源の奪いあいのこと，ストレスとは光合成による有機物の生産を抑制するような非生物的な環境の作用，撹乱とは植物体の全体あるいは一部を破壊するような外力の作用です。

　これらの主要な選択圧（＝くり返し働く自然選択に影響する環境の作用）に応じて，3つの主要な戦略，すなわち「**競争戦略**」「**ストレス耐性戦略**」「**撹乱依存戦略**」が進化したとするのが，イギリスの生態学者であるグライム（J. P. Grime）が提唱した植物の生活史の「**C–S–R モデル**」です。

　競争戦略(C)の植物は，資源の獲得に適した特性，すなわち，ほかの植物よりも高い位置に葉を展開したり，地下により広い吸収表面を広げたりするなどの特徴をもち，比較的大型で成長が速い植物です。

　ストレス耐性戦略(S)の植物は，光が十分になかったり，栄養分が少ないなど，成長が制限される条件のもとでもそれに耐え，ゆっくりと成長する小型の植物です。その葉は寿命が長く，常緑です。

　撹乱依存戦略(R)の植物は，いつ撹乱に遭遇してもダメージが少なくなるよ

42 | 第1章 生態系を理解するための基礎用語

植物の生き残り戦略

うに,成長期間が短く,早いうちから繁殖をはじめます。また,土壌中に長寿命の種子を残すものが少なくありません。

1.8 植物の三戦略の関係

　植物の生活史戦略（1.7節参照）をもたらす選択圧は，相互にまったく独立なわけではなく，実は2つの「環境の条件」から生じるものです。ストレスと撹乱は，植物の成長を抑制し，生存を難しくする環境の作用ですが，競争は植物どうしの関係です。そして，植物にとっての生育場所は，右のイラストのように，ストレスの大きさと撹乱の大きさの2つの次元からなる平面のどこかに位置しています。

　ストレスも撹乱もない場所は，植物にとっては生きやすく，成長しやすい場所なので，植物が混みあい，資源をめぐる競争が激しくなります。そのような場所では，競争に強い「**競争戦略**」をとる植物が有利になります。

　それに対してストレスや撹乱の大きい場所では，競争戦略で重要な資源獲得能力などはあまり役に立ちません。ストレスに対しては，そのストレスの種類に応じて，それに耐えるための生理的な適応や形のうえでの適応が重要です。撹乱が頻繁に起こる場所では，植物体の破壊に対してうまく対処できるような特性をもっていなければ，生きていくことも，子孫を残すこともできません。ですから，ストレスや撹乱の大きな場所では，それらに対する適応を遂げた「**ストレス耐性戦略**」の植物や「**撹乱依存戦略**」の植物が有利なのです。

　C–S–Rの3つの戦略は，現実の植物にそのまま当てはまるというよりは，現実の植物の生活をみるときのものさしのようなものです。現実の植物は，これらの戦略をいろいろな程度に兼ね備えています。

植物の三戦略の関係

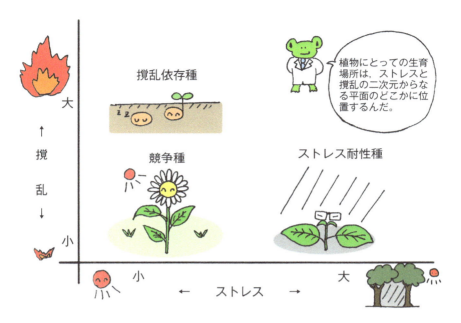

植生調査データによる三角ダイアグラム上の種の位置づけ：サラダバーネットの例

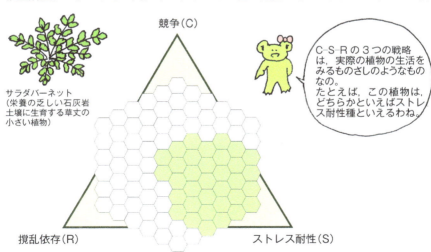

1.9 ギャップの形成とギャップ検出機構

ギャップとは，**植生のすき間**のことです。密生した植生の一部もしくは全部が除かれて，地表面まで明るくなった場所です。自然の植生であるヨシ原や森林にもときおり自然の作用で大小さまざまなギャップができます。

火山の噴火による山火事や泥流，地震の際の地滑り，雪崩などは，広範囲の森林を破壊して広大なギャップをつくり出します。台風などによる樹木の風倒や，洪水による植生の破壊や土砂の堆積などは，それよりも面積の小さいギャップをつくり出します。原生的な自然においても，大小さまざまなギャップが常に存在し，ギャップ特有の明るい環境を利用して生育するギャップ依存の植物が生育しています。

それらの植物が成長して，地表面まで光が十分に届く明るい条件が失われると，ギャップ依存の植物はその場所で芽生えて成長することができなくなり，より暗い条件でも育つ植物にその場所を譲ります。それらの植物が成長すると，しだいにその場所は，森林やヨシ原のほかの場所と区別がつかなくなります。**ギャップ依存**の植物は，新たにできるギャップを転々としながら生活します。

人間が森林を伐採したり，下草を刈ったりすることによってもギャップができます。ヨシ原では，伝統的な植生管理である野焼きによって春先に枯れ草がすっかり焼かれたリター（枯れ草や枯れ枝葉）ギャップがつくられます。そのようなギャップでは，ギャップ依存の植物がいち早く発芽します。

多くのギャップ依存の植物は，種子が長い寿命をもち，森林や草原の下で休眠しています。それらの種子は，ギャップの形成に伴う環境の変化を感知して，休眠から目覚めるような生理的な性質（**ギャップ検出機構**）をもっています。

たとえば，よく山火事や伐採の跡地で一斉発芽がみられるヌルデの種子は，表面が硬い皮で覆われていて，水を吸うことができないため休眠を続けていますが，山火事の火が地面を走る際に一瞬高温にさらされたり，ギャップ形成後に地表面が強い日差しを受けて高温になると，吸水を妨げていた栓のような種皮の構造が抜けて発芽できるようになります。アカメガシワも同じようにギャップでいち早く発芽します。その発芽には，十分に吸水した後に，**休眠解除**のためのシグナルとして，比較的高い温度に数時間さらされることが必要です。

ギャップの形成とギャップ検出機構

1.10 クレメンツと遷移説

　生態系のなかで動くことなく，森林や草原などの目立つ構造をつくっているのは植物です。そのため，生態系の場所によるちがいや時間経過に伴う変化としては，植生のちがいや移り変わりが注目されることが少なくありません。植生観は，生態系観や自然観の重要な部分を占めるといえるでしょう。

　生態学がまだ若い学問であった 20 世紀はじめに，**植物群落**の移り変わりの問題にとりくんだのが**クレメンツ**（F. E. Clements）です。クレメンツは「**遷移説**」を唱えた学者として教科書でも紹介されています。

　クレメンツが提案した見方は，右のイラストに示されているような決められたプロセス（段階）を経て「**遷移**」が進行し，最終的には「**極相**」と呼ばれる「決まった種の組み合わせからなる群落」に行きつくというものです。ある場所の植生は，人間の一生のように，その発達の順序や発達段階が明瞭に決まっているという見方であり，植生をひとつの**有機体**になぞらえるものともいえるでしょう。

　このクレメンツの遷移説は，その後，**花粉分析**によって長期にわたる植生の変遷が明らかにされると，しだいに支持を失いました。花粉は外側に硬い殻をもっているため，湖沼の堆積物中では長期間分解されることなく残存し，形や殻の模様などから種や属などの同定が可能です。北アメリカにおいて，湖の堆積物の分析によって過去数万年間の植生の変遷が解明されると，同じ群落を構成している種であっても，氷河の後退に伴う植生発達過程において，それぞれが独自にふるまったことが明らかにされました。遷移はその場所の諸条件によって個別的に起こり，種も独立にふるまうと主張したグリーソン（H. A. Gleason）などによる「**個別説**」に軍配が上がったのです。

　極相と呼ばれてきた遷移の後期の安定相も，究極の「あるべき植生の姿」といったものではなく，種の独自の動きと生物間相互作用を反映した一時的な種の集合にすぎないと考えられるようになりました。生態系については，偶然の影響を強く受け，時や場所による変動の大きいダイナミックなものとしてとらえる見方がしだいに一般的になったのです。

クレメンツと遷移説

植生が、個体の成長過程になぞらえられるような決まった道筋をたどって遷移して、植生のあるべき姿ともいうべき極相に達するという「遷移説」を唱えた。

クレメンツ

植物群落の変化を人間の一生にたとえたんだね。

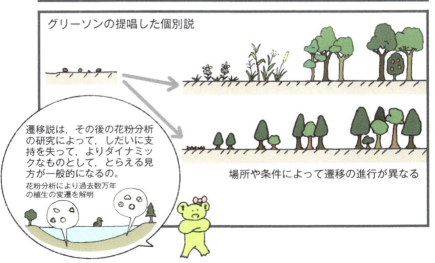

遷移説は、その後の花粉分析の研究によって、しだいに支持を失って、よりダイナミックなものとして、とらえる見方が一般的になるの。
花粉分析により過去数万年の植生の変遷を解明

1.11 タンスレーが提案した生態系

　1.10 節で紹介したクレメンツのような植物群落や生態系（当時は生態系という言葉はなかった）の見方は，それらを有機体（＝生物個体）になぞらえ，個体がもつ恒常性のような，自律的な調節を期待するものでした。その流れをくむのが，対象を地球全体に拡大した「ガイア説」であるともいえます。

　物理学が科学のなかの優等生とされ，そのほかの科学分野も物理学のような「厳密な」科学になるべく努力がなされた 20 世紀には，しだいにクレメンツの見方の非科学的な要素が批判の対象となるようになりました。クレメンツは，植物群落の変化を個体の成長過程になぞらえただけではなく，同じ場所で生活する種の集合をコミュニティ（「群集」または「群落」と訳されているが，英語の community の本来の意味は，人間社会における地域共同体）と表現しました。地域の種の集合を人間社会の地域共同体に見立てるような擬人的な用語も，科学の革新をめざした研究者たちには，時代遅れで非科学的なものとの印象を与えました。

　この時代に，イギリス生態学会の初代会長を務めた**タンスレー**（A. G. Tansley）は，植物生態学を「植物の外部環境との関係および植物どうしの関係の科学」と定義しました。そして，対象をできるだけ物理的に扱う科学への脱皮をはかるための改革にとりくみました。タンスレーは 1935 年に擬人的なにおいのするコミュニティに代わる用語として，「**生態系**（ecosystem）」を提案しました。それは，生物群集とそれにとっての非生物的環境を含むシステムと定義されました。生物，非生物を問わず多様な要素だけではなく，その関係が重視されるようになったのです。

　その後，タンスレーが意図したように，生態系の研究は，**バイオマス**（生物体の乾燥重量）や熱量など，純粋に物理的な尺度で測定できるものによって記述される**エネルギーの流れ**や**元素の循環**などのプロセスを重視するようになりました。その基礎となったのは，たとえば植物の 1 枚の葉の光合成や呼吸などの活動への光，温度，水分などの影響を実験によって測定し，それをもとに数式で表せるモデルをつくるような**生理生態学**の研究です。一次生産，食物網，生物地球科学的サイクルなど，物理量の測定とモデル化をめざす研究は，植物

タンスレーが提案した生態系

生態学の基礎をつくるうえでも，また生態系のはたらきを理解するためにも，重要な役割を果たしました。

1.12 遷移と遷移説

　植物群落が時間とともに移り変わっていく**遷移**という現象（1.10 節参照）を，クレメンツにはじまる古典的な見方では，静的で固定的なものとしてとらえていました。

　火山の噴火で植生がすっかり焼けて埋まり，裸の溶岩ばかりの荒涼とした風景が広がったとしても，時間が経てば，必ず生命の兆しが現れます。溶岩の上の紫や黄緑色の斑点状の着色は，風で運ばれてきたラン藻や地衣類が増殖しはじめたものです。それらが光合成と窒素固定をしながら生活するうちに**有機物**と**栄養塩**（肥料分）がたまり，**土壌**が形成されます。

　やがて，風で運ばれてきた種子から草本植物や低木が芽を出し，草原，低木林となり，マツなどの明るいやせ地を好む樹木，いわゆる**陽樹**も生えるようになります。そこを鳥や獣が生活の場とするようになると，さらに多様な低木や樹木の種子が運ばれてきて，森林が発達します。植物がつくる環境に適した樹種が入ってきて交代し，やがて，親木の下でもその子どもが育つ樹木，いわゆる**陰樹**の森林となります。

　現実の遷移は，右のイラストのように，順序が固定的に定まっているわけではありません。初期のうちからマツなどの樹木が入ってくることもめずらしくありません。また，現実には，いわゆる極相林も決して遷移の終着点というようなものではなく，ダイナミックに変化しつづける森林です。

　湖に植物の遺体などが堆積してはじまる遷移を含め，もともと植物の胞子や種子などがほとんどない状態から出発する遷移を**一次遷移**と呼び，山火事跡や伐採跡地などではじまる二次遷移と区別します。**二次遷移**では，最初から土壌が形成されており，そこには多様な植物の種子が含まれているため，比較的早く森林が発達します。右のイラストには，伐採跡地がまず草原になり，その次に陽樹の森林になるという順序が描かれていますが，現実の二次遷移では，最初から陽樹林が発達しはじめることも少なくありません。

　遷移説によれば，このように規則正しく遷移が起こるのは，植物間の競争と植物による環境形成作用によるとされます。日当たりを好む草本や樹木が成長するとその下は暗くなり，しだいに日かげを好む植物に置き換わっていくので

遷移と遷移説

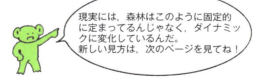

す。そして，陰樹からなる安定した植物群落，すなわち極相群落が成立して遷移は止まるとされているのです。

1.13 シフティングモザイク
ダイナミックな植生

クレメンツにはじまる古典的な遷移の見方，すなわち，「単一の安定した極相」「秩序立った変化を示す自然」といった静的な見方は，生態学のなかではしだいにその影響力を失うことになりました。それに代わって支配的になったのは，「**非平衡**で，**不安定**で，**不確実性**の大きい自然」という見方です。

植物群落は，遷移段階に応じて決まった種の安定した組み合わせからなるようなものではありません。最も安定し，平衡状態に達しているとみられる極相林も，よく調べてみると，**遷移段階の異なるパッチ**（小区画）**からなるモザイク**とみることができ，**不均一性**をその特徴としています。それらのパッチは，時間とともに別の状態に変化（遷移）していきますが，常に多様な遷移段階のパッチからモザイクが構成されていることは変わりません。このようなモザイクをつくり出す作用は，異なる時期に森林のいろいろな場所で生じる**撹乱**（1.7節参照）です。

森林は，異なる時期に生じた撹乱に応じて遷移を開始した多数のパッチから構成される**ダイナミックなモザイク**です。同様のモザイクは，波の作用で撹乱が生じる潮間帯の付着性動物群集などにも認められます。

モザイク状の植生や群集では，それぞれのパッチが時間とともにその状態を変化させていきますが，全体としては，常に異なる状態のパッチの同じような組み合わせからなるモザイクが維持されます。それを**シフティングモザイク**，すなわち，移り変わっていくモザイクと呼びます。空間的に不均質であり，時間的にも絶えず変化しながら，全体としては安定な状態を保っているダイナミックなシステムとしての生態系の特性をよく表す用語です。また，この動態は，ときおり異なる場所で生じるギャップによって駆動されるので，**ギャップ動態**と呼ぶこともあります。

シフティングモザイク

古典的な生態系の見方

シフティングモザイクとしての生態系の見方

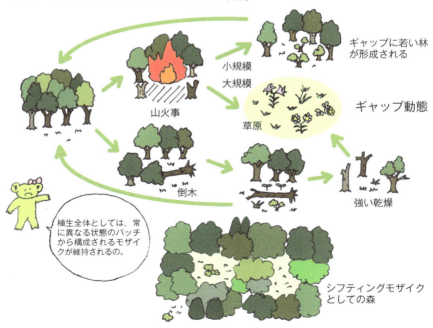

1.14 生態系を流れるエネルギー

0.5節にイラストで示した炭素の循環には，**エネルギーの流れ**が伴っています。タンスレーは，生態系という言葉とともに，物理量で表現できる関係を重視することを提案しましたが（1.11節参照），右のイラストに示したのは，エネルギーの流れでみた熱帯雨林の生態系です。このイラストに示されているバイオマス（生物体の乾燥重量）やエネルギーの量は，実際にマレーシアのパソーの熱帯雨林で測定されたものに基づいています。

生態系におけるすべての生物の活動に必要なエネルギーの源は，太陽の**光エネルギー**です。植物は，その光をクロロフィルなどの**光合成色素**によって吸収し，それを**化学エネルギー**に変換して，糖などの有機物に蓄えます。その化学エネルギーが，食べる‐食べられるという関係の連鎖をたどって次々に他の生物にとり込まれ，それらの生物の活動のためのエネルギーになるのです。エネルギーがとり出される際には**熱**が発生します。より高次の消費者になるにつれて，生物が使えるエネルギーの量は減少していきます。

元素，物質は循環しますが，エネルギーの流れは，一方通行であることが大きな特徴です。

生態系を流れるエネルギー
～マレーシアのパソーの熱帯雨林の例～

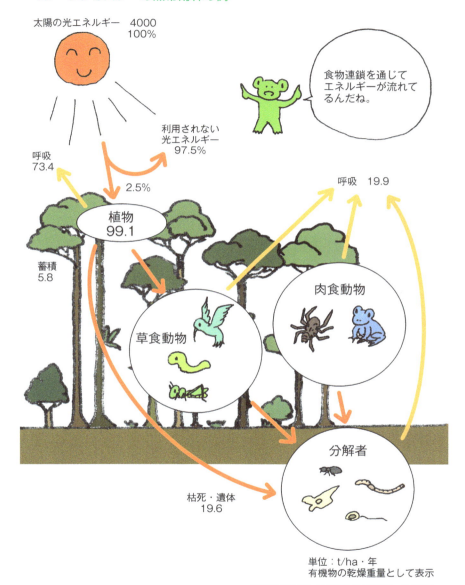

〔日本生態学会編『生態学入門 第2版』より改図〕

1.15 生態系の健全性

　太陽の光を浴びて成長した作物から食料の供給を受け，樹木からは紙や材木の供給を受けるなど，私たち人間の生活は，いろいろな面で生態系のはたらき（**機能**）に依存しています。生態系がその機能を介して提供する多様なサービス，すなわち**生態系サービス**（0.10 節参照）は，人間の生活をはじめさまざまな活動を支えています。

　人間社会が必要としているサービスを過不足なく提供してくれる生態系は健全な生態系です。心身ともに豊かな生活は，生態系の健全性によって保障されているといえるのです。この場合の「健全性」は，人間中心的な見方です。健全な生態系は，多様な植物，動物，微生物の間のおびただしい関係によってつくられていて，その機能は，網の目のように絡まりあう生物の関係が生み出すものといってもよいでしょう。すなわち，**健全な生態系**は，**生物多様性**の維持に大きく依存しています。

　特定の生態系サービスのみを強化しようとして，その生態系を単純化してしまうと，多様な機能を担いうる生物がいなくなり，かつて存在していた生物間ネットワークが失われ，生態系は不健全化してしまいます。すなわち，多様なサービスを提供するようにはたらく可能性を失ってしまうのです。

　健全な生態系とは，単一の作物の生産などといった少数のサービスに偏らず，歴史的に地域社会が依存していた文化的，精神的な多様な価値を生み出すサービスも含めて，多様なサービスをバランスよく提供する可能性をもつ生態系です。このような意味で，生物多様性は生態系の健全性の指標でもあり，特定のサービスの供給を強化するために生物多様性が減少するような生態系の改変や管理は，いずれは不健全化の問題を引き起こす可能性があり，持続可能性の視点からみれば適切ではありません。

生態系の健全性

An Illustrated Guide to Ecosystem

第2章

生態系をつくる関係

生態系は，ある空間で生きる生物およびそれらの間の関係，無生物的（＝物理的）環境要因と生物の関係などからなる，生物とさまざまな関係が網の目のように結ばれたシステムです。この章では，システムの構造・機能・特性を決める多様な関係について学びます。

2.1 光を求める／避ける，植物の順化

　動くことのできない**植物**は，芽生えた場所で一生を過ごします。**動物**は，その場所の環境が悪化すれば，移動してその場所から離れ，環境のよい資源に恵まれた場所で新たな生活をはじめることができます。動くことで，自らによく合った環境を選ぶというのが動物の生き方です。それに対して，その場に根づいて動くことのできない植物は，その場所の環境に自らを合わせて生きなければなりません。

　多くの植物が，その環境に合わせて，形を変えたり，生理的な性質を変えたりする能力をもっています。そのように，生物の個体が環境に合わせて形や性質を変化させることを**順化**といいます。

　右のイラストは，比較的明るい落葉樹林やその伐採跡地などに生育するサトイモ科の植物マイヅルテンナンショウが，光合成に必要な光をいかに効率よく獲得するのか，また不都合な環境からいかにして逃れるのかを示しています。マイヅルテンナンショウは，地上には小葉に分かれた1枚の葉を開くだけの，とても単純な体制の植物です。地下には，光合成で生産した有機物をためるイモを1つもっています。

　明るい場所は光合成に必要な資源としての光には十分に恵まれていますが，太陽の光を遮るものが何もないところでは光が強すぎ，さらに，高温，乾燥などのストレスも加わって，光合成にとって都合のよい環境とはいえません。光が強すぎても弱すぎても，光合成には不都合なのです。

　林のなかのマイヅルテンナンショウと日なたのマイヅルテンナンショウとでは，光合成の生理的な性質にも順化によるちがいが認められますが，形が大きく異なります。林のなかの日かげのマイヅルテンナンショウは，日なたのものに比べて**葉**を支える偽茎が細くて長く，葉は薄くて面積が広くなっています。また，葉を平らに広げています。さらに葉の面を，最も多くの光がくる方向に向けています。それに対して，日なたのマイヅルテンナンショウは，快晴の日には正午近くになると葉を立てるように傾け，1枚1枚の小葉を折りたたんでしまいます。葉を傾けたり折りたたんだりすることで，葉の面で受けとる光を少なくし，強すぎる光がもたらすストレスを避けるのです。そのときには，ま

62　第2章　生態系をつくる関係

光を求める／避ける，植物の順化

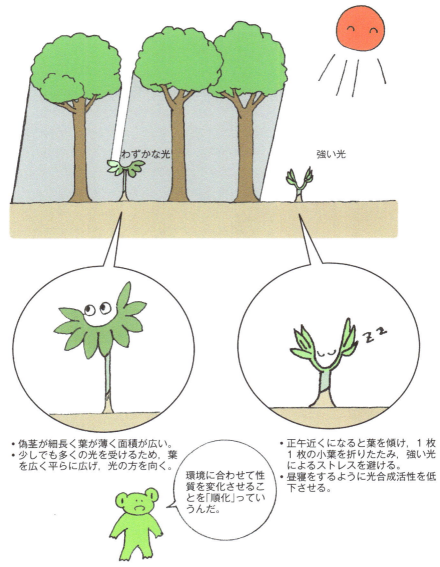

- 偽茎が細長く葉が薄く面積が広い。
- 少しでも多くの光を受けるため，葉を広く平らに広げ，光の方を向く。

環境に合わせて性質を変化させることを「順化」っていうんだ。

- 正午近くになると葉を傾け，1枚1枚の小葉を折りたたみ，強い光によるストレスを避ける。
- 昼寝をするように光合成活性を低下させる。

るで昼寝をするかのように，光合成の活性も低下します。

　動けない植物は，その場所で葉の向きや形を変化させることで，葉で受ける光の量を調節するのです。

63

2.2 土壌シードバンク

　生態系のメンバーは，比較的大きくて目につきやすい動植物だけではありません。私たちが気づかないおびただしい数の微小な生物が，生態系における重要な機能を担っています。土壌には多種多様な**微生物**が生活していますが，植物の個体でもある**種子**も大量に含まれています。それらは，いわば植物の地下の個体群，あるいは地下の群集ともいうことができます。それら土壌中の生きた種子の集団は，**土壌シードバンク**（「種子の貯蔵庫」の意）と呼ばれます。

　土壌シードバンクが存在するのは，多くの植物の種子は長い寿命をもち，土壌中で休眠したまま生きつづけることができるからです。動けない植物にとって，種子は，ストレスや競争など，個体の生存を危うくする悪条件を回避する手段でもあります。その悪条件は，冬の寒冷で乾燥した条件であったり，夏の高温などの気象条件であることもあれば，他の植物が繁茂しているといった競争に関する悪条件かもしれません。

　土壌シードバンクは，それが持続する長さで分類されます。「**季節的シードバンク**」は，不都合な季節の間だけ発芽を避けて土壌中にとどまる種子からなる土壌シードバンクをさします。それに対して「**永続的シードバンク**」は，最初の発芽に適した季節になっても発芽しない種子を含み，環境条件しだいで長い間維持されるシードバンクを意味します。

　悪条件の回避は，それが解消するまで発芽を延期すればよいのですが，そのためには，種子は長い寿命と，周囲の環境をモニターするための生理機構をあわせもっていなければなりません。その生理機構が**休眠**です。

　大部分の陸上生態系において，土壌中にはたくさんの生きた種子が含まれています。また，湖の底の泥などにも多くの生きた種子が存在しています。それらの種子のなかには，温度などの条件に応じて，休眠と非休眠の状態をくり返しながら，非常に長い年月を土のなかで生きているものもあります。

　永続的土壌シードバンクをつくっている種子は，**撹乱**によって植生が破壊されるなど，環境条件が大きく変わると発芽してきます。土壌シードバンクは，かつてはその場所に生育していたけれども，いまでは地上から失われた植物の種子を含んでおり，**植生の復元**などにも利用することができます。

土壌シードバンク

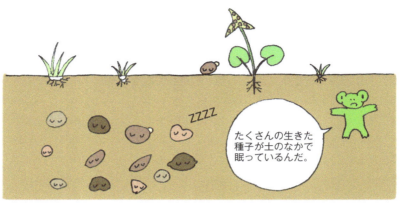

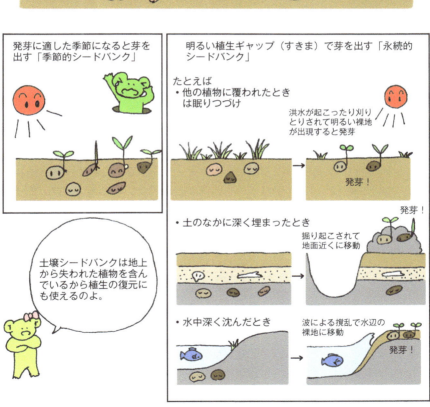

2.3 種子を目覚めさせる環境シグナル

土壌シードバンクにとり込まれた種子は，休眠を続けながら好適な環境が訪れるのを待ちつづけます。農耕地の雑草や伐採跡地での遷移の**先駆樹種**（伐採直後に発芽して成長をはじめる樹木で，パイオニアともいう）など，芽生えの成長に他の植物に覆われることのない明るい裸地の環境を必要とする植物の種子は，植生が発達している場所では発芽しないような生理的な特性，**休眠・発芽特性**をもっています。

植物の葉には赤色や青色の光を吸収するクロロフィルなどの光合成色素が含まれているため，葉を透過した光や反射した光では，赤色の光が減少し，葉の色素があまり吸収しない近赤外の光の比率が高まっています。赤色光と近赤外光のバランスを，植物は**フィトクロム**という色素タンパク質によって感知することができます。フィトクロムは，赤色光と近赤外光に反応して分子形態を変化させ，それを通じて発芽などの植物の成長反応の調節に関与しています。

植物に覆われた地表面に落ちた種子は，上部に植物が茂っていることを感知し，発芽せずに土壌シードバンクにとり込まれます。成熟時に吸水を妨げる硬い皮をもつなど深い休眠状態にある種子も，同様に土壌シードバンクにとり込まれます。それらの種子は，休眠したまま数十年，数百年もの間寿命を保ちながら，生育に適した環境ができるのを待ちつづけます。その環境とは，地表面にまで太陽の光が差し込む**ギャップ**です。

ギャップが形成されると，地表面付近に存在する種子にとっては，温度環境が大きく変化します。右のイラストには，一例としてマツ林と隣接する空き地（裸地）の地表面の初夏の温度データが示されています。マツ林の下では，昼夜の温度の較差が小さく，概して温度は安定しています。それに対して裸地の地表面では，晴れていれば日較差は数十℃にも達し，昼間には40℃を超える高温になることも少なくありません。そのようなギャップ環境に特有の温度の大きな日較差や，昼間の高温などを**シグナル**にすれば，何らかの撹乱によって植生がとり除かれ，芽生えの生育に適した明るい環境がつくられたタイミングを逃さずに，種子は発芽することができます。

高温あるいは温度変化など，種子がギャップ環境を知る手がかりとするシグ

種子を目覚めさせる環境シグナル

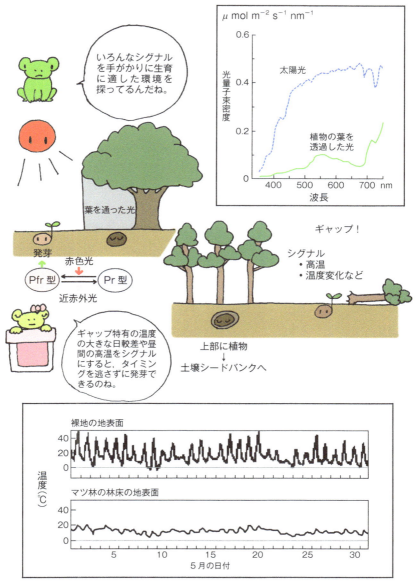

ナルや，それに反応するための生理的なメカニズムは，植物の種ごとにきわめて多様です。

2.4 動物の温度環境への適応

　移動して，生息に適した環境を選択できる動物にも，移動可能な範囲よりも大きな空間的スケールでみると，植物と同様に，環境に応じた顕著な適応があることがわかります。

　大きな大陸が集まっていて陸地面積が広い北半球では，赤道に近い低緯度地域は熱帯で高温，高緯度地域は厳しい寒さを特徴とし，その間に中間的な温度環境の温帯地域が広がっています。このような温度の勾配と哺乳類の体の大きさや形の特徴との間には，一定の傾向が認められます。

　体の形については，**アレンの法則**として知られている「傾向」が認められます。寒い地方に棲む恒温動物は，暖かい地方に棲む近縁の動物に比べて，耳や四肢や尾などの体から突き出している器官の出っぱり具合が小さいという傾向です。これは，体温維持のしくみと関連させて説明できます。外気温が体温よりもずっと低い寒い地方では，体温を維持するために，体表から失われる熱をなるべく少なくすることが適応的です。そのためには，熱を放散する体表面積を小さくすることが効果的です。出っぱり部分が多ければ，それだけ体表面積が大きくなるため，熱が失われにくいのは，出っぱりの少ない丸っこい体なのです。逆に熱帯では，熱を効率よく放散する大きな耳や尾などは適応的といえるでしょう。右のイラストには，キツネの仲間の耳について，そのような傾向が示されています。

　同じように，**体温維持**と関連させて解釈できる傾向が，**ベルクマンの法則**です。それは，近縁な**恒温動物**では，北に生息している動物ほど体が大きいという法則です。アレンの法則はさておいて，ここでは相似形の体をもつ近縁の動物について考えてみます。物理的にみて，体積に比例する体重は三次元，表面積は二次元の次元をもっています。体長が大きくなれば，体重はその3乗，表面積はその2乗に比例して増加します。つまり，大きければ大きいほど体重に対する表面積の比率が小さくなり，熱を保持しやすくなるのです。

　これらの傾向は，緯度によって異なる**温度環境**への恒温動物の適応として解釈できます。しかし，注意しなければならないのは，これらは法則というよりは，近縁の種類の比較においてのみ有効な傾向です。熱帯にも，哺乳類で最も

動物の温度環境への適応

体の大きいゾウが生息していますし，寒帯にも体の小さなユキウサギのような動物も暮らしています。

2.5 共生関係が豊かにした生態系

　生物と生物との関係には，食物網をつくる食べる－食べられるの関係のように，かかわりあう双方の利害が反する関係もありますが，互いに利益を受ける関係，すなわち**共生関係**も多く知られています。ここでは，植物と他の生物との間の共生関係を見てみましょう。共生関係は，植物の陸上への進出やその後の多様化に，大きな役割を果たしたと考えられています。

　初めて陸に上がった植物は，水中で生活していたときには体の全表面から吸収できた水や栄養塩（肥料分）を，土壌に下ろした根あるいはそれに類する器官だけで吸収しなければならなくなりました。いかに効率よく吸収するかが，陸上での生活が成功するかどうかの鍵を握る重大な課題となったのです。

　そしてそれは，**微生物**（細菌や菌類）と共生することで解決されました。植物の根の周囲，あるいは根の内部で生活する微生物と，それぞれで不足する栄養資源を交換する共同生活を営むことで，糖分などの光合成産物と引きかえに，植物は水や栄養塩を効率よく入手するようになったのです。これが**栄養共生**です（2.6節参照）。

　熱帯の植物のなかには，アリをボディーガードとして生物的な防御を行う**アリ防御植物**が知られています（2.7節参照）。それらの植物は，中空のとげや膨らんだ茎の内部の空洞などの棲みかと，蜜やグリコーゲンに富んだ固形の分泌物の餌を提供して，葉を食べる昆虫や巻きついてくるつる植物を排除してもらうのです。

　植物のなかには，風や水などによって花粉が運ばれるものもありますが，多くは昆虫などの動物を**ポリネータ**（**送粉者**）とします。動物は蜜や花粉を餌として利用し，植物は有性生殖に欠かせない受粉を助けてもらうというのが**送粉共生**です。どのような動物とどのような関係を結ぶかで，花は多様な性質を進化させたといえます（2.8節参照）。

　同じように，多様な果実を進化させたのは，**種子分散共生**です。動けない植物が，その種子を分散させるために，動物の移動能力を利用します。果実には，甘い液果（ベリー）や脂肪に富んだ堅果（ナッツ）など，動物に運ばせるための，さまざまな工夫ともいえる適応がみられます（2.9，2.10節参照）。

70 第2章 生態系をつくる関係

共生関係が豊かにした生態系

栄養共生系
(菌類―樹木)

防衛共生系
(アリ―樹木)

送粉共生系
(花を咲かせる植物―花粉を運ぶ動物)

種子分散共生系
(種子植物―実を食べ種子を運ぶ動物)

2.6 植物と微生物の栄養共生

　植物と微生物（細菌や菌類）の栄養共生は，植物の根の周囲や根の内部がその舞台であり，直接観察することは容易ではありません。

　マメ科の植物と**根粒菌**（細菌）の共生は，根粒のなかで起こります。根粒菌は大気中の窒素を固定して窒素塩を植物に提供し，植物は糖分などの**光合成産物**を根粒菌に与えます。

　多くの植物が，菌類との共生の姿である特有の**菌根**を発達させています。菌根は，根と菌類の両方の組織から構成されており，菌類は植物にリン酸塩などの**栄養塩**を提供し，植物は菌類に光合成で生産した有機物を提供して，栄養面で相互に支えあいます。

　最も古い起源をもつと考えられている **VA菌根**（アーバスキュラー菌根菌）では，根に侵入した菌糸が嚢状や樹状の構造をつくるのが特徴です。コケ植物，シダ植物，種子植物など，陸上植物の9割以上が，この菌根を形成すると考えられています。陸上植物が陸に上がったときに成立したのが，このVA菌根菌との共生関係なのです。VA菌根菌は，土壌中の栄養塩類，特にリン酸塩の吸収を高めることで植物の成長を助けます。同じVA菌根菌が多様な植物と共生できることが知られており，同じ場所で生きる多様な植物がVA菌根菌の菌糸で結ばれているのではないかと考えられています。日本の人工林の主な樹種であるスギやヒノキもVA菌根菌と共生しています。

　外生菌根は，菌糸が根の細胞には侵入しないタイプの菌根です。根の先端が刀のさやのようにすっぽりと覆う菌糸の組織に包まれているのが特徴です。根のなかに入り込んだ菌糸は，皮層細胞を包み込むような形に**ハルティヒネット**という構造を発達させます。ブナ科やマツ科の樹木が優占するいわゆる極相の森林では，外生菌根菌のネットワークが発達しています。そのような森では，外生菌根菌の多様な**キノコ**がみられます。

　森林のなかでは，菌根を通じて樹木と菌が，また菌を介して樹木どうしが栄養をやりとりしており，共生のネットワークが構築されていると考えられています。成長した樹木が菌根菌に有機物を提供すれば，十分に光合成のできない稚樹も，その成長になくてはならないリン酸塩を菌根菌から受けとることがで

植物と微生物の栄養共生

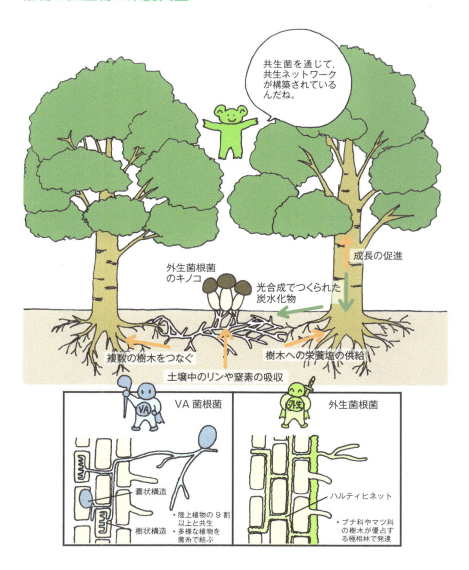

きるのです。ほとんどの樹木にとって、菌類との共生はなくてはならないものであり、荒れ地への植林も、樹木だけを植えつけたのでは成功は望めません。

2.7 アリとの防衛共生

　植物は，生態系における一次生産者です。それを食べようとする動物がたくさんいますが，植物はそれらから動いて逃れることができません。

　植物を食べようと虎視眈々と狙っているたくさんの動物から，いかにして身を守るか，多様な防御の戦略が進化しました。植物を食べる動物がたくさんいても世界が緑に満ちているのは，防御が有効に働き，植物が動物に食べつくされてしまうようなことが起こりにくいためです。

　葉を硬くしたり，毛を生やしたり，とげをつけたりというような**物理的な防御**にも多様なものがありますが，より一般的でいっそう多様なのは，化学物質による防御です。植物はさまざまな毒をつくって，動物の食欲に対抗します。そのような物理的，**化学的な防御**に加えて，さらに手の込んだ防御法が，アリと共生し，番兵として使う防御です。熱帯の植物のなかには，アリを使って生物的な防御を行う**アリ防御植物**が多くみられます。

　セクロピア（イラクサ科）やアカシア（マメ科）などのアリ防御植物は，アリに棲みかと餌を提供します。中空のとげや茎などのアリに提供する棲みかを**ドマチア**といいます。また，花外蜜腺からの蜜だけではなく，グリコーゲンに富んだ固形の餌を分泌します。右のイラストには，アカシアのとげが膨らんで，なかが中空になったドマチアが描かれています。

　そのような餌も棲みかも，アリにとってはとても貴重な資源です。それを防衛することは，コロニー（家族）の維持と繁栄にとって有意義です。そこでアリは，その植物を食べる昆虫や，競争者となりうるつる植物などを積極的に排除します。つまり，アリ植物は，住居と食事つきでアリを番兵として雇い，葉を食べる虫を追い払ってもらったり，絡みついてくるつるを切ってもらったりしているのです。

　植物間の競争も激しく，また植物を食べる昆虫も多い熱帯地方で，アリによる防御を発達させた植物が特に多いことは，この防御法がいかに有効なものであるかを示しているのではないでしょうか。

74　第2章　生態系をつくる関係

アリとの防衛共生

2.8 スペシャリスト vs. ジェネラリスト

　植物と動物の間の共生関係は，多くは厳密な**1対1の関係**ではありません。**多対多の関係**であるのが普通なのですが，そのなかにもかなり質の違う関係が含まれています。**送粉共生**，すなわち植物とその花粉を運ぶ動物（**ポリネータ**）との共生関係について，植物の側に視点を置いてそのちがいを見てみましょう。

　ある植物が送粉をどのような動物にゆだねるかということに関しては，大きく見て2つの対照的な戦略が認められます。その対照的な2つの戦略が，**スペシャリスト vs. ジェネラリスト**の戦略です。

　ジェネラリストの植物は，蜜や花粉を露出させた花をつけます。そこには，甲虫やハナアブだけではなく，ハナバチやチョウを含むさまざまな昆虫がやってきて餌をとります。多様な昆虫を分け隔てなく招くことは，受粉の効率は必ずしもよいとは限りませんが，少数の種類の昆虫に頼る場合のリスクを避けることができます。特定の種類の昆虫が環境条件の変化などで姿を消すことはあっても，すべての昆虫が同時にいなくなってしまうことはあまりないからです。

　スペシャリストの戦略は，それとは対照的です。複雑な形の花の奥に蜜を隠しています。ポリネータとして特定の分類群の昆虫だけを利用する戦略です。スペシャリストに特に好まれているポリネータがトラマルハナバチなどの**マルハナバチ**です。マルハナバチは，温帯や寒帯の野生の植物にとって重要なポリネータです。マルハナバチは，個体ごとに蜜や花粉を集める植物の種類を決めて，同じ種類の花だけを選んで訪れます。そのため，植物の側からみれば，確実に効率よく同種の花に花粉を送ることができる，とてもありがたいポリネータなのです。

　そのため，マルハナバチが生息している地域では，マルハナバチをポリネータとして獲得するための，さまざまなスペシャリストとしての花の適応がみられます。複雑な形，深い筒状の花，下向きに花をつり下げる咲き方などです。温帯地域では，マルハナバチをポリネータとするスペシャリストの花が占める比率は，かなり高いものとなっています。

　マツヨイグサなど，夜に活動する口吻の長いスズメガをポリネータとするスペシャリストの花は，細長い筒状の花筒をもち，夜に開花します。また，薄暗

スペシャリスト vs. ジェネラリスト

いなかでも目立つ淡い色をしているのが特徴です。

2.9 種子分散共生

　植物は花も多様ですが，果実や種子にもさまざまな形や大きさや色のものがみられます。それらはいずれも，自ら動くことのできない植物が，種子を分散するための適応であると考えられます。では，植物はなぜ種子を分散させなければならないのでしょうか。種子が分散されることには主として，①親から離れること，②広範囲に分散されること，③適切なセーフサイトに到達すること，という3つの意義があると考えられています。

　親から離れることは，動けない植物の親のまわりにはその植物特有の**食害者**や**病害微生物**が高密度で存在し，種子や芽生えの死亡率が高いため，それらから逃れる効果があります。種子を広範囲に分散することは，更新がギャップに依存する植物では，確率的に形成されるギャップに到達する確率を高めることにつながります。さらに，種子が発芽や実生の定着に必要な条件を備えた特別の場，**セーフサイト**に到達することができれば，**種子繁殖**の成功の確率はおおいに高まるでしょう。動物に種子の分散を託す植物は，果実をそれに応じたものに進化させています。

　被食型は，果実に動物への**報酬**となる可食部があり，種子の多くが消化されずに排泄されることによる分散です。鳥類や，クマやサルなどの哺乳類など，水気のある果実を餌にする動物がその主な担い手です。どこにどのように分散されるかは，運び手の動物の行動しだいです。

　貯食型は，**貯食習性**のある動物が貯蔵した種子の一部が，回収されずに放置されることによる種子散布です。ネズミやリスなどの貯食行動によって隠されたどんぐりは回収されて利用されますが，一部が忘れられたり，隠した動物が死亡したりして食べ残され，種子が発芽すれば成功です。

　付着型は，動物の体の外部に種子が付着して運ばれます。動物への報酬抜きのヒッチハイクですが，種子は，動物に付着するためのとげやかぎ，べたべたする粘液などをもっています。シカの毛などに絡まって運ばれるものもあります。一方で，オオバコ，ナズナ，オオイヌノフグリ，スズメノカタビラなど，どこにでも見られる雑草の種子は散布のための特別の構造をもたず，動物やヒトの足の裏あるいは乗り物に付着する泥に混ざって散布されるものもありま

種子分散共生

す。これらは一見，共生とはいえないようにみえるのですが，動物が害を受けることはなく，植物には利益のある共生です。

2.10 種子を運ぶアリ

　種子分散共生には，2.9節に紹介したように，さまざまなタイプのものがみられますが，種子の**セーフサイト**への到達に寄与する分散として注目されるのがアリ分散です。

　身近な植物では，スミレ類のほか，スズメノヤリ，カタクリ，ホトケノザなどの種子がアリによって運ばれます。アリによって分散される種子は，アリの餌（えさ）となる**エライオソーム**を種子の表面につけています。アリはその餌を目当てに，まるでごちそうがのったお盆を運ぶように種子を運び，巣のなかに運び込みます。そして，餌が外されて無用の長物となった種子は，アリの巣の近くのゴミ捨て場に捨てられます。

　アリに種子を運んでもらうために，種子に特別製の餌までつけるように進化したこれらの植物にとって，アリ分散はどのようなメリットがあるのでしょうか。なるべく遠くに到達するという効果はあまり期待できません。アリはそれほど遠くまでは種子を運ばないからです。

　オーストラリアなどの土壌に栄養分の乏しい乾燥地帯では，**アリ分散**の植物が多いのですが，それは，種子がアリのゴミために捨てられることで，芽生えの栄養条件がよくなる点が適応的であるためだと説明されています。この考えは，栄養に富んだ土壌が発達している日本の雑木林や草原には，あまり当てはまりません。

　温帯林の植物については，種子が親植物の下から運び去られ，ひとまずアリの巣のなかに運び込まれることは，種子を捕食する動物の目から逃れるうえで効果的であるとされています。すなわち，敵の多い親の近くから逃れる効果です。しかし，スミレの種子のような捕食者にとって魅力の乏しい小さな種子については，それほど妥当ではなさそうです。

　アリ分散種子をつくるスミレなどは，明るい場所を好む植物です。アリが好んで巣をつくるようなギャップやその周囲など，比較的明るい環境が生育の適地であるこれらの植物にとっては，アリ散布は，種子の**セーフサイト**への到達を確実にするので好都合であると考えてはどうでしょうか。環境の変化が大きい雑木林では，アリは環境の変化に応じて巣を移動させます。そのような行動

80　第2章　生態系をつくる関係

種子を運ぶアリ

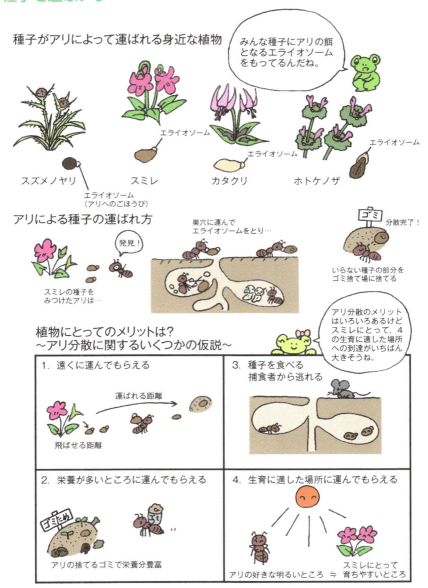

をとるアリに頼ることで，スミレも明るいギャップに種子の一部分を分散することができるわけです。

2.11 動物と動物の多様な関係

　生態系のなかでの動物と動物との関係といえば，食べる‒食べられるの関係が一般的ですが，なかには興味深い**共生関係**もみられます。右のイラストには，いくつかのほほえましい動物どうしの共生関係を描いてみました。

◆ニシキテッポウエビとダテハゼの共生

　ニシキテッポウエビは，南日本の海のサンゴの交じった砂地に生息するエビです。このエビが掘った巣穴には，ダテハゼが居候し，門番ともいえるような役割を果たしています。視力の弱いエビは，外敵に気づくことができません。視覚の発達したハゼは，捕食魚などの外敵を見つけると，体を小刻みに震わせます。触角でハゼに触れているエビは，その振動を感じとると，すばやく巣穴に潜り込んで，敵から逃れることができるのです。

　つまり両者の関係は，エビにとってはダテハゼが物見役として役立ち，巣穴を掘ることのできないダテハゼは巣穴を利用できるという，互いに得るところのある共生的な関係なのです。

◆ホンソメワケベラとブダイの共生

　ホンソメワケベラは，ブダイなど大型の魚の古くなった鱗や寄生虫などを餌にする一風変わった魚です。ブダイが体を清潔に保ち，病気を防ぐには，ホンソメワケベラの餌をとる活動がなくてはなりません。

◆キリンとウシツツキの共生

　ウシツツキというムクドリに近縁の鳥は，キリンのような大型の哺乳類と密接にかかわりながら生活しています。哺乳類の体につくダニやシラミなどの寄生虫を餌としているのです。ウシツツキにとっては，キリンは大切な餌を与えてくれる対象であり，キリンにとっては，寄生虫をとり除いて衛生状態を改善してくれるウシツツキはありがたい共生の相手ということになります。

　しかし，最近の研究によると，ウシツツキは動物の傷口をつついて血を吸うこともあるようです。そのような行為は，キリンにとっては裏切り行為かもしれませんが，その頻度がそれほど高くなければ，両者の共生関係が崩れるほどではないのでしょう。

82　第2章　生態系をつくる関係

動物と動物の多様な関係

◆ミツアナグマとミツオシエの共生

　中東からアフリカにかけての乾燥地域に生息するイタチ科のミツアナグマ（ラーテル）は雑食性ですが，ハチの巣を掘り出して食べるというめずらしい行動をとります。しかし，ハチの巣を見つけるのは容易ではありません。ノドグロミツオシエなどミツオシエ科の鳥は，木の洞などにできたハチの巣を見つけると大きな鳴き声を出してミツアナグマやヒトにその場所を教えます。蜂蜜の好きな哺乳動物が巣を掘り出して蜜を食べた後，残された幼虫や巣を食べます。その関係は，鳥類と哺乳類の**特殊な栄養共生**といえるでしょう。ヒトもハチの巣を掘り出したときに巣の一部をその場に残せば，ミツオシエと共生関係にあるといえるでしょう。

◆アフリカオオノガンとベニハチクイとの共生

　アフリカオオノガンは，飛ぶ鳥のなかで最も体重が重く，生息地のアフリカの草原では主に歩いて移動します。その背中にはよく小鳥のベニハチクイが乗っています。アフリカオオノガンが歩くと足下から飛び出す昆虫を餌にします。ベニハチクイは，餌を採らせてもらうかわりに，天敵が近づくと飛び立って，その危険を伝えます。一方は栄養を，他方は安全を得ることのできる共生関係です。

◆キンチャクガニとイソギンチャクの共生

　イソギンチャクは触手の表面に多くの微少な刺胞をもっており，刺激を受けるとそのなかから毒針を発射して身を守ったり攻撃したりします。キンチャクガニはイソギンチャクをまるでチアガールのポンポンのようにはさみに付着させ，それを武器にしてタコや魚などの捕食者から身を守ります。固着性で動けないイソギンチャクは，カニに運んでもらい移動が可能です。キンチャクガニはイソギンチャクを失うと，他のカニから奪ったり，1つのイソギンチャクをはさみで2つに切って両方のはさみに装着したりすることが知られています。キンチャクガニはイソギンチャクの無性生殖を助けているとみることもできます。

　ここで挙げた例は，動物どうしの間に結ばれている実に多様な共生関係のごく一部です。野生の動物の生態をつぶさに観察すれば，これらのように興味深い共生関係がまだまだ見つかるはずです。

動物と動物の多様な関係

ミツオシエとミツアナグマ

ミツアナグマに蜜のありかを教えることで食べ残しの巣と幼虫を食べる。

ベニハチクイとアフリカオオノガン

見張り役になることで，アフリカオオノガンの足元から飛び出す虫を食べる。

キンチャクガニとイソギンチャク

イソギンチャクを身にまとうことで捕食者から身を守る。

2.12 擬態する動物たち

　生物界には，実にさまざまな関係がみられます。そのなかでも，適応進化の妙味を存分に感じさせてくれるのが，動物が他の種類の動物に外見を似せる**擬態**です。形や色や行動などをまねる側が，その擬態によって天敵から逃れるなど，利益を得ることになるのですが，ときにはそのことが，まねられる側の生物に迷惑な影響を与えることもあります。

　よく見られる擬態は，毒をもたない動物が毒をもつ動物に外見を似せる擬態です。毒をもつ動物は，そのことを天敵にアピールするために，派手な色や模様をもっており，それを**警告色**と呼びます。毒をもたない動物が，その警告色をまねるのです。

　右のイラストには，毒針をもつオオスズメバチに擬態した，ガの一種のブドウスカシバ，ハエの仲間のケブカハチモドキハナアブ，甲虫のトラカミキリが描かれています。これほど多様な分類群の昆虫がオオスズメバチに擬態しているのは，天敵たちに恐れられる毒針の威力のためにちがいありません。黄色と黒のしま模様は，私たち人間にとっても，危険・注意の強力なメッセージとなっています。

　天敵に特に嫌がられる毒の強い動物ほど，多様な無毒の動物に擬態されています。けれども，警告色による天敵からの捕食の回避は，一部の個体が捕食され，それが捕食者に学習されることによっています。そのため，毒のないものの比率が高まると，警告色自体が効果を失ってしまうのです。擬態が効果的なのは，擬態する側の個体数が擬態される側の個体数に比べてずっと少ない場合に限られます。

　チョウの仲間には，羽に目玉模様をもつものが少なくありません。羽を開くと2つの目玉模様が目立つものがあります。それは，チョウたちの天敵の鳥類には，猛禽類の目を感じさせる効果があると考えられています。これも擬態の一種です。

　これらの擬態は，派手な色や模様で目立つものばかりですが，それと対照的なのが，背景に溶け込む目立たない色や模様の体表をもつ動物たちです。そのような色や模様を**保護色**といいます。なるべく目立たないようにして，天敵に

擬態する動物たち

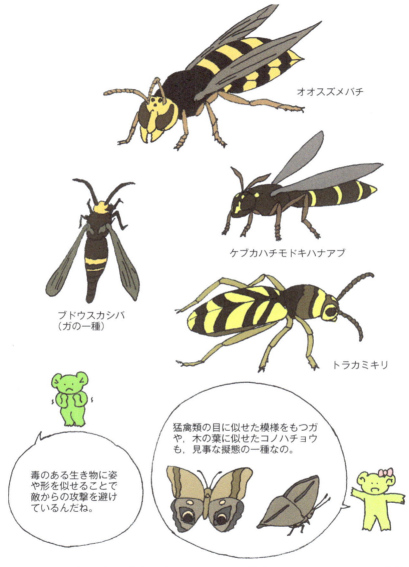

見つからないようにする戦略です。シャクガの幼虫のシャクトリムシが小枝に化け，コノハチョウが木の葉に化けるために，色だけではなく形もそっくりなのは，見事というしかありません。

2.13 消化を担う共生微生物

　草食動物が餌とするのは，セルロースなどの繊維質が多いイネ科植物（草）などです。本来，繊維質を消化する酵素をもたない草食動物は，消化管のなかに連携プレーにより繊維質を分解する何種類もの**共生微生物**を棲まわせて，その消化を任せています。草食動物は，消化管のなかに繊維質を分解して栄養価の高い食品に変換する高機能の生態系をもっているといってもよいかもしれません。

　ウシやシカ，カバなどの前胃動物では，人間の胃にあたる消化管の部分が共生微生物の生息と発酵産物の利用に都合のよいように発達しています。シカの場合，前胃は第一胃の**ルーメン**（瘤胃）から第三胃までの3区画に分かれていますが，第一胃は特に大きく，そこに共生微生物の細菌，原生動物（プロトゾア），真菌を棲まわせています。ルーメンでは，これらの微生物のはたらきで，繊維質と糖質が，酢酸を主とする有機酸に変換されます。微生物による発酵では，アミノ酸，タンパク質，ビタミンなども生産されます。

　酢酸がたまって胃の内容物が酸性に傾くと，**反芻**することで，炭酸水素ナトリウムを含む大量の唾液を混ぜて中和します。反芻は，微生物が働きやすい環境を維持するための，共生にとってなくてはならない重要な行為なのです。

　ルーメン内の微生物の大部分を占めるのは，**細菌**と**原生動物**です。動物が食べた植物のタンパク質の約80％は，**発酵**の過程でこれらの微生物の体を構成するタンパク質に変わります。原生動物は，**必須アミノ酸**を豊富に含み，ウシやシカにとっては栄養価の高いタンパク質源です。実は，草を食べるのは共生微生物であり，ウシやシカは原生動物と発酵産物を食べる**動物食**であるともいえるのです。

　ウサギ，ウマ，ゾウなどの後腸動物は，胃ではなく，盲腸や結腸に共生微生物を棲まわせており，発酵でできた産物や微生物のタンパク質，ビタミンなどを大腸で吸収します。

消化を担う共生微生物

2.14 病原生物と宿主の軍拡競走

　生物間の相互作用は，かかわりあう双方の生物に適応進化を促します。寄生者である病原生物とその宿主の関係においては，宿主の側には，病原生物を排除したり増殖させないようにする生理的なメカニズムである**抵抗性**の進化が促されます。一方，病原生物の側には，宿主の抵抗性を打ち破って，宿主のなかでの増殖を容易にするような進化が促されます。宿主が新たな抵抗性のメカニズムを進化させると，寄生者はその対抗手段を進化させるというように，互いの適応進化は，果てしなく続く**軍拡競走**とでもいえるような状況をつくり出します。

　そのような軍拡競走は，決してフェアなものではありません。世代時間が短ければ短いほど，進化のスピードが速いため有利だからです。つまり，病原生物と宿主では，世代時間の短い病原生物のほうがずっと有利なのです。

　しかし，進化の速度では不利となる宿主の動植物は，**有性生殖**という切り札をもっています。有性生殖は，配偶子（卵や精子）の形成と受精を通じた染色体の機会的な再分配と組換えによって，毎世代，新しい遺伝子の組み合わせをつくり出すしくみです。子孫に**抵抗性遺伝子**の多様性を確保するという意味において，有性生殖はとても重要な役割を果たしているのです。これは，有性生殖がなぜ進化したのかに関する「**赤の女王**」**仮説**と呼ばれています。

　赤の女王とは，ルイス・キャロルの童話『鏡の国のアリス』の登場人物であり，「同じところにとどまるためには，全速力で走りつづけなければならない」とアリスに教えます。有性生殖は，「全速力で走りつづける」手段，すなわち，宿主よりも進化速度の速い寄生者に対抗する手段であるというわけです。

　動物も植物も，普通は多くの寄生生物や病原生物にたかられながら暮らしています。進化のスピードでは，微生物には対抗することはできません。しかし，多くの抵抗性遺伝子をもち，毎世代，有性生殖によって，まるでトランプを切るかのように，それらの多様な組み合わせを子孫にもたせることで対抗するのです。このことは，個体群が絶滅しないようにするためには遺伝的な多様性を維持することが重要であることの理由のひとつになっています。

病原生物と宿主の軍拡競走

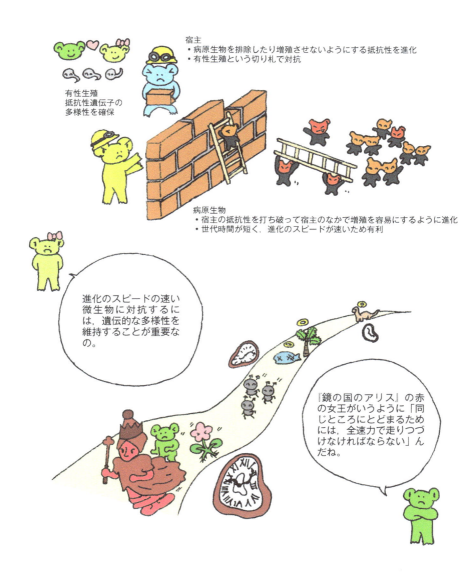

2.15 キーストーン種

　ある生物種が1種だけ侵入あるいは絶滅したために，群集が大きく変わってしまうことがよくあります。陸上生態系では，大量に植物を食べる消費者，すなわち体の比較的大きい草食動物が，そのような役割を果たしていることが知られています。

　たとえば，多くの島で，人間が持ち込んだウサギやヤギが植生を大きく変えてしまう例が認められています。森林が失われて，まばらな草原になってしまうのです。一部でも森林が残されているときにフェンスを張って，草食動物が入れない区画をつくっておくと，そこでは樹木の芽生えが育ち，再び森林への遷移が進みはじめます。

　それまでその地域にみられなかった樹木を植林することが，生態系を大きく変えてしまう例は，ダーウィンが自らの進化論を記した著書『種の起源』のなかでも紹介されています。親戚の所有地の貧栄養なヒース草原に，何エーカーかにわたってトウヒを植林したら，植生が大きく変化し，昆虫相が変わり，鳥の種類が増えたという例です。

　海の生態系では，海獣の役割が注目されています。**ウニ**を大量に食べ，海藻の**ケルプ**にくるまって眠る**ラッコ**は，ケルプの海中林の維持にとって，なくてはならない動物です。乱獲でラッコがいなくなり，ケルプを食べるウニが爆発的に増えて，**海中林**が破壊されてしまった例も知られています。

　キーストーン種は，その生態系における生物間相互作用のネットワークにおいて，扇の「要」，あるいは西洋建築のアーチにおけるキーストーン（要石）ともいうべき役割を果たしている種です。その種の侵入や喪失により，生態系の性質や動態が大きく変わってしまうため，生態系の保全の場面では注目される種であるといえます。

　ダムをつくることで川をせき止め，一帯を湿地に変えるビーバーは，物理的な基盤条件の大きな変更によって，生態系全体を異なるシステムへと誘導します。そのような種は，**エコシステムエンジニア**と呼ばれています。

---

92 第2章 生態系をつくる関係

キーストーン種

2.16 水と陸の生態系をつなぐトンボ

　生態系のなかでは，ある生物は別のさまざまな生物と多様な関係をもっています。そのため，ある生物と他の生物との関係がひとつでも変化すれば，影響の連鎖が生じ，生態系全体に影響が広がる場合もあります。さらに，ある生態系は，他の生態系と生物や物質の移動を通じてつながっているため，その変化が他の生態系にまで伝わることもあるのです。

　ここでは，比較的単純な生態系を対象にして，そのような影響の伝播，すなわち，特定の生物間の相互作用の変化が，別の生態系にまで影響を及ぼすことを示した研究例を紹介しましょう。

　この例における一方の生態系は，池のなかの淡水生態系です。もう一方は，その岸辺近くの陸上生態系です。淡水生態系の主なメンバーとしてここで考慮するのは，サンフィッシュ科の魚とトンボのヤゴです。陸上生態系では，トンボの成虫とハナアブとオトギリソウ科の野草です。トンボは幼虫期には淡水生態系のメンバーですが，成虫になると陸上生態系のメンバーとなり，これら2つの生態系をつなぐ役割を果たします。

　研究は，フロリダの自然保護地域にある8つの池を使って行われました。そのうち4つの池には魚が生息していますが，他の4つには魚がいません。魚のいない池に比べて，魚が生息している池では，捕食の影響を受けてヤゴが少なく，まわりの陸上でもトンボが少ないことがわかりました。さらに，オトギリソウ科の花を訪れるポリネータとしてのハナアブを調べてみると，訪花頻度が高く，その送粉サービスにより種子がよく実っていることがわかったのです。

　高次の捕食者（生態ピラミッドで高い位置にいる捕食者）である魚が除かれると，順次，何段階も下位の捕食者にまで影響が及ぶことがあり，それを**トロフィックカスケード**と呼びます。この例では，トロフィックカスケードが，トンボという水と陸をつなぐ昆虫によって，水の生態系から陸の生態系へと伝わったのです。すなわち，魚がいるとヤゴが捕食され，陸に出ていくトンボが少なくなります。陸では捕食者のトンボがいなくなるため，ハナアブが増えます。そのハナアブが，オトギリソウ科の花によく訪れ，種子がよく実るのです。

　生態系では，「風が吹けば桶屋がもうかる」ようなことが起こっているのです。

94 　第2章　生態系をつくる関係

水と陸の生態系をつなぐトンボ

魚がいる場合の生態系

トンボが減る

捕食減

送粉増

魚による捕食でトンボが減って，ハナアブによる送粉が優勢になるのね。

捕食

水中

種子生産増

陸上

魚がいない場合の生態系

トンボが増える

捕食増

送粉減

種子生産減

水中

陸上

高次の捕食者である魚がとり除かれると，順次下位の捕食者に影響が及ぶことがあって，これを「トロフィックカスケード」っていうんだ。

事情が入り組んで複雑であるため，なかなか気づくことができません。

2.17 生態系をつなぐ生物の移動：ウナギ

　池とそのまわりの陸地のような隣接した生態系は，トンボやカエルなど，その両方を生活の場としている生物によってつながっています。生物のなかには，渡りや回遊といった長距離移動を定期的に行うことで，何千キロメートルも離れた生態系と生態系をつなぐものもみられます。ここでは，その代表として，ウナギをとり上げてみましょう。

　ウナギは，いまから約1億年前ほど前に，インドネシア付近の海洋魚から進化したものと考えられています。日本の川や湖に生息するウナギも，また養殖されて食卓に上るウナギも，その産卵場所ははるか南の太平洋，グアム島の北西約200 kmに位置する**スルガ海山**付近であることが突き止められています。

　成熟した雄と雌のウナギは，日本から遠く離れたこの海山まで回遊して集合し，新月の前後にいっせいに産卵すると推測されています。海山と新月を場所と時の目印にすることで，遠くから旅をしてきたウナギの雄たちと雌たちが，確実にめぐり会うことができるのです。

　卵からふ化したウナギは，**レプトセファルス幼生**となって北赤道海流に乗って西に移動し，黒潮に乗り換えて北上し，日本の沿岸に移動します。そのころまでには，**シラスウナギ**の段階にまで成長しています。その後，河口域を経て川や湖の生息場所にたどりつくのです。その途中で，一部が漁獲され，養殖ウナギとして育てられます。

　日本の川や湖の水辺で成長する野生のウナギにとって，現在の河口域や水辺の環境は，とても厳しいものといわなければなりません。無事に成熟して，ふるさとのスルガ海山に帰って繁殖に参加できるのは，どのくらいなのでしょうか。詳しいことはまだわかっていません。また，どのようなルートを通って産卵場所へ向かうのか，それを解明することも今後の課題です。

　川や湖の自然の恵みともいえるウナギですが，淡水生態系と広大な海洋生態系の両方をまたにかけてのその生活を理解することは，その恵みを末永く享受するために欠かすことができません。

生態系をつなぐ生物の移動：ウナギ

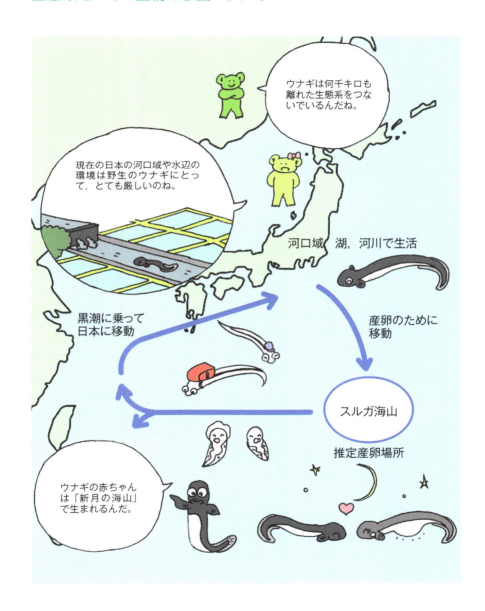

2.18 生態系をつなぐ生物の移動：マガン

　遠く離れた生態系をつなぐ生物の移動の代表は，鳥の渡りです。**渡り鳥**は，繁殖地と越冬地の間を季節に応じて移動し，両方の生態系をつないでいます。

　右のイラストには，**マガン**の渡りと生活が描かれています。マガンは繁殖地のシベリアの湿原地帯で産卵と子育てをし，秋になると群れをつくって日本にやってきて，宮城県北部などで越冬します。越冬地では，夜は沼など水面のある場所で眠り，昼間は家族単位で落ち穂や雑草のある田んぼで餌を食べて過ごします。沼が点在し，水田の広がる日本列島のかつての低地は，マガンの越冬地に適し，日本各地にマガンの越冬地がありました。しかし，開発によって沼が失われ，水田農業の形態も変わったことにより，ひとつひとつ越冬地が失われていきました。いまでは，宮城県や新潟県などだけが越冬地となっています。

　現在，日本に越冬にやってくるマガンの総数は15万〜18万羽ですが，その9割以上が宮城県に集まっています。シベリアから渡ってきたマガンは，中継地の北海道宮島沼でしばし旅の疲れをとってから，八郎潟などの日本海側の湿地を経由して，宮城県の蕪栗沼や伊豆沼にやってきます。

　現在では，越冬地でマガンが安心して過ごせる沼が少なくなり，過密な状態になっているため，蕪栗沼の周辺では水田を湿地に戻したり，冬季に水田に水を張って沼の機能を代替させるなど，分散化のためのとりくみが進められています。冬季の水田に水を張る農法は，「**ふゆみずたんぼ**」と名づけられており，水鳥の生息地を広げる効果が大きいだけではなく，農薬や肥料を使わずに味のよい米を生産する新しい農法としても期待されています。

　越冬地の環境が改善されることによって，減少したマガンがまた個体数を回復させることができるかどうかは，繁殖地であるシベリアの湿地帯や，中継地の宮島沼や八郎潟の環境が，保全あるいは改善されるかどうかにもかかっています。

　このように，長距離を移動し，何か所もの生態系を利用して生活する渡り鳥の保全のためには，**繁殖地**，**越冬地**，**中継地**の全体を視野に入れた保全策が欠かせません。また，物質や生物の移動の視点から，マガンが遠く離れた生態系どうしをどのように結んでいるのかを明らかにすることも必要です。

生態系をつなぐ生物の移動：マガン

2.19 生態系のレジリエンスと安定性

　最近では，人間活動の強い影響を受けて，構造や機能を大きく変化させている生態系が少なくありません。人間活動の生態系へのインパクトを考えるときには，生態系は外力に対して必ずしも線形に反応するのではない，すなわち，何らかの影響が大きくなっていくと，それに応じて変化が大きくなっていくというようにだけ反応するのではない，ということに留意することが必要です。影響がある限界を超えると，生態系はまったく異なる状態に飛躍的に変化してしまうため，予測がまったくできない事態が起こりうるという問題です。

　外力に対して生態系がいったん変化しても，時間が経てば元の状態に戻る生態系の性質を，**レジリエンス（復帰性）**と呼びます。レジリエンスの及ぶ範囲であれば，生態系は安定しており，変化してもまた元の状態に戻ることが予測できます。しかし，レジリエンスの範囲を超えた変化がもたらされると，まったく異なる状態で安定してしまうのです。

　小規模な山火事で森林の一部が焼失しても，まわりから種子が供給されて芽生えたり，焼け残った株から再生したりして，すみやかに森林は再生するでしょう。その生態系がこれまでもよく経験してきたような**撹乱**に対しては，レジリエンスが働くのです。けれども，非常に大規模な火山の噴火で泥流が植生を破壊したような場合は，種子も土壌も残されていないため，長い時間をかけて森林が回復することがあったとしても，外部からの種子の供給しだいでは，再生する森林はかつての森林とは大きく異なるものになるでしょう。

　外力に対する抵抗性やその他の性質においてバラエティーに富んだ多様な樹種からなる森林はレジリエンスが大きく，害虫の発生や災害などによる多少の撹乱があってもすみやかに回復し，**安定性**が高いものです。それに対し，1種もしくは少数の樹種だけからなる人工林はレジリエンスが小さく，不安定な生態系といわなければなりません。レジリエンスの高い生態系は，安定的に生態系サービスを提供するという意味で，健全な生態系であるといえるでしょう。

　なお，**抵抗性**とは変化に抗する性質を意味し，レジリエンス（復帰性）とはいったん変化してもすみやかに元の状態に復帰できる性質を意味します。多様な抵抗性をもつ要素を含む生態系ほど，レジリエンスが高いともいえるのです。

生態系のレジリエンスと安定性

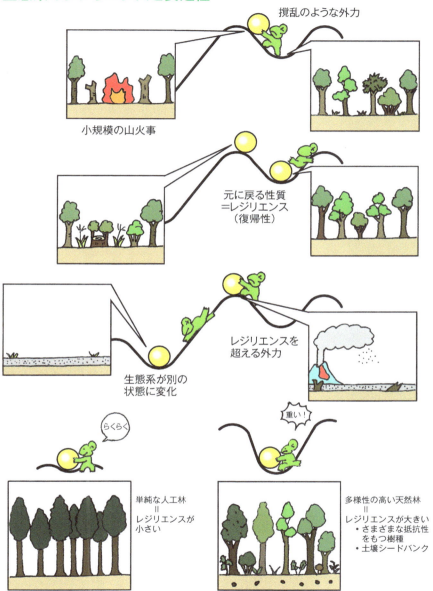

An Illustrated Guide to Ecosystem

第3章

生態系とヒト

私たちヒトは，地球上に出現してから現在まで，森林，草原，湿地などの生態系の恵みを利用して暮らしを営んできました。伝統的な営みは，生物多様性豊かな里地・里山など，多くの恵みをもたらす生態系を持続させました。しかし，現在の大きく改変された生態系は，修復（自然再生）が課題となっています。

3.1 ヒトの出現と生態系

　私たちヒト（**ホモ・サピエンス**）は，ヒト科ヒト属（ホモ属）の動物です。ヒト科の動物は，およそ700万〜600万年前に，チンパンジーなど近縁の類人猿の系統から分かれたとされます。ゴリラやチンパンジーが乾燥した森林に適応して前肢を使ったげんこつ歩きをするのに対して，人類の祖先は直立歩行するようになりました。

　最初のホモ属の人類である**ホモ・ハビリス**は，300万〜200万年前に，東アフリカに出現しました。それ以前の猿人よりは大きな脳をもち，意識的に道具をつくりはじめたとされます。20万年前ごろに出現し，3万年前に絶滅したと推測されている**ネアンデルタール人**は，ヨーロッパから西アジアにかけて多くの痕跡を残しており，絶滅した人類のなかで最もよくその生活がわかっています。寒冷な気候に適応していた彼らは言語をもたず，狩猟もそれほど得意ではなかったようです。

　現在の私たち自身でもあるホモ・サピエンスは，アフリカで16万〜13万年前に誕生したとされています。**クロマニョン人**としてヨーロッパに現れたのが最終氷河期であり，その活動の跡が認められるのは，4万年前から1万年前にかけてです。その時代は，マンモスなどの超大型哺乳類がステップ様の樹木の少ない草原に生息した時代です。

　クロマニョン人は，彼らが残した洞窟画からみても，相当に抽象的な思考の能力をもっていたものと推測されています。言語を操り，集団でマンモスなどの巨大な動物を狩る生活をしていました。ネアンデルタール人の絶滅も，クロマニョン人との資源をめぐる競争に破れたのか，実際に殺戮があったのかはともかく，ホモ・サピエンスの存在が，重要な要因のひとつであると考えられています。

　アフリカからユーラシア大陸に広がった現生人類は，多岐にわたる移動の軌跡を残しています。アフリカ以外の各地の現代人がネアンデルタール人に由来する遺伝子をもっていることから，ユーラシア大陸に進出した直後に**混血**が起こったと考えられています。そのうち，インド洋を回って東南アジアから海洋に進出したグループは，島伝いに太平洋の島々に広がっていきました。そして，

104 第3章　生態系とヒト

ヒトの出現と生態系

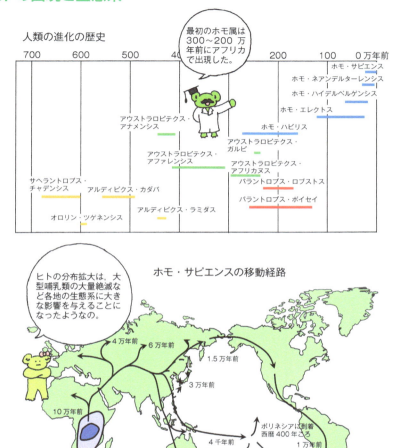

最後にポリネシアの島々に達したのは，西暦400年ごろ，イースター島やニュージーランドへはもっとも最近になってから到達したと考えられています。

　ヒトの分布の拡大は，各地の生態系に大きな影響を与えることになりました。約1万5千年前ごろに起こった超大型哺乳類の大量絶滅には，気候変動（温暖化）とともに，集団での狩猟の技術を飛躍的に発展させた人類が，大きくかかわったのではないかと考えられています（3.4節参照）。

3.2 栄養生理から探る太古の食生活

　初期の人類は，生態系のなかでどのような生活を営んでいたのでしょうか。考古学の証拠に加えて，人類がどのような餌（食物）に頼っていたのかを考えるヒントとなるのが，私たちの栄養生理的な特性です。たとえば，**ビタミンの要求性**です。ビタミンとは，健康を保つうえで欠かせないにもかかわらず，体内では合成できず，食物から摂取しなければならない栄養素です。適応進化の視点からは，通常の食物から十分に摂取できたために，合成のための代謝経路が適応進化で失われたものと推測することができます。洞窟で生活する魚が視力をもたないことと同じ理由です。

　現在の食生活では，ときとして不足しがちなビタミンですが，私たちの体の生理機能の進化を考えるのにふさわしいタイムスケール，すなわち，人類がその最も長い期間を過ごしてきた，採集に頼って生活していた時代には，ビタミン不足はあまり起こらなかったと推測することができます。考古学的な知見とも合わせて，次のような推測が可能です。

　ビタミンのうち，**ビタミンB類**を豊富に含むのは，アサリやシジミなどの貝類です。貝類は，先史時代までの人類の主要な生活の場でもあった沿岸域に豊富な食物でした。貝塚の調査から，狩猟が盛んになった新石器時代になっても，貝類が重要な食料であったことが推測されています。

　ヒトを含む類人猿は，多くの哺乳類が体内で合成できるビタミンCを合成することができません。**ビタミンC**は，キイチゴなどの果実（液果）や植物の葉に豊富に含まれています。それらの植物性の食物は，おそらく他の類人猿とたもとを分かつ前から，食事メニューにおいて比重が高いものであったと思われます。ある程度植生が豊かであれば，いくらでも採集できる新鮮な葉や液果を食べているかぎり，ビタミンCが不足することはなさそうです。

　獣の肉は，さまざまなビタミンを含むだけではなく，必須アミノ酸を多く含む栄養価の高い食品です。狩猟をする以前から，人類が死肉あさりでそれを利用していた証拠が残されています。肉を裂いたり，骨を割って骨髄を食べるための道具としての石器は，なくてはならないものでした。骨髄は，ヒトが体内で合成できないビタミン類をきわめて豊富に含んでおり，栄養面からみて，特

栄養生理から探る太古の食生活

ヒトに必要な栄養素と，それを補う食生活

に貴重な食物であったと推測されます。
　このように，採集が主な生活手段であった過去の時代における食事メニューや，それとかかわる営みを推測することができるのです。

3.3 狩りをするヒトの積極的な環境への対処

　狩猟生活者としてのヒトの出現は，人類史のみならず，生命の歴史において
も，時代の大転換を画する出来事でした。初期の人類は，動物の肉を利用する
にしても，通常利用したのは死肉であったと考えられています。すなわち，こ
の点では，人類の生態的地位（ニッチ，1.3節参照）は，ハイエナやハゲタカ
に近かったといえるでしょう。大型の獣を集団で狩り，その肉を食べるような
食生活への移行は，言語を獲得して，初めて可能になったと推論されています。

　言語の起源については，いまだに多くの議論があり，はっきりしたことはわ
かっていません。現生人類と存続した時代の重なる同属のネアンデルタール人
は言語をもたなかったとの説もあり，現生人類だけが言語をもち，それによっ
て，きわめて積極的に環境に対処することが可能になったものと考えられてい
ます。他の生物とは質的に異なる関係を，環境との間に結ぶようになったので
す。

　言語をもつことで，あるいはそれと同時に，**抽象的な思考**を伴う**精神活動**が，
飛躍的に活性化したと考えられています。自らの行為の帰結を予見できれば，
さまざまな課題に対して計画的に対処することが可能です。また，言語によっ
て正確に意思を伝え，情報を交換しながら集団で行動することができます。「語
り」によって世代を超えた情報伝達の道が開かれ，経験を集積して，より効果
的に環境に対処していくことができるでしょう。

　これら言語の多くの利点により，現生人類は自然の恵みに受動的に依存して
生活するにとどまらず，環境に積極的に働きかけて，それを都合のよいように
変えたり，天敵や潜在的な餌生物に対して集団的に働きかけることによって，
圧倒的に優位に立つことができるようになりました。

　寒冷期に，ステップのような草原やツンドラが，ユーラシア大陸やアメリカ
大陸に広がった時代にも，現生人類は，集団での狩りによってマンモスやヘラ
ジカのような超大型哺乳類を衣食住のための資源として利用することで，人口
を維持し，分布を拡大することができたようです。言語の獲得によって，きわ
めて積極的に環境に立ち向かう戦略が，生物にとっての新たな**対環境戦略**とし
て発展しはじめたといえるでしょう。それは，芸術や科学などにもつながる，

108 第3章　生態系とヒト

狩りをするヒトの積極的な環境への対処

ヒトの精神活動の目覚ましい活性化でした。

3.4 大型哺乳類はなぜ絶滅したのか？

　いまから1万年ほど前，マンモス，オオナマケモノ，オオツノジカなど，多くの超大型哺乳類がいっせいに絶滅しました。**メガファウナ**（**超大型動物相**）が壊滅に近い状態になった哺乳類の相次ぐ**絶滅**の謎の説明のうち主要なものは，自然の気候変動に原因を求めるもの，および狩猟の能力を高めた人間の影響を重視するものです。

　前者は，これらの超大型哺乳類の生息条件の自然の喪失を，絶滅の原因と考えるものです。地球ではここ数十万年の間，寒冷な気候が地球全体に広がった氷期と，比較的温暖な気候に恵まれた間氷期がくり返されました。最後の氷期は，約7万年前から1万年前まで続きました。冷涼な気候のもとで，ユーラシア大陸や北アメリカには，ステップやツンドラの環境が広がりました。マンモスなど，そのようなまばらな植生の草原などの環境によく適応していた草食の超大型哺乳類やその捕食者は，氷期が終了して，しだいに温暖な気候が広がったことにより発達しはじめた森林の環境のもとでは生息が難しく，適応進化のいとまもないままに絶滅したとする説明です。

　1頭が広い生息面積を必要とするために個体数が限られ，また一世代の時間が生物界では例外的なほど長く，適応進化に長い時間を要する超大型哺乳類にとって，このような自然環境の変化は，確かに大きな試練となるはずです。

　しかし，南北に大きな広がりのある大陸においては，徐々に進行する温暖化に応じて高緯度地方に移動することによって，その影響を緩和することもできるはずです。一方で，超大型哺乳類の絶滅の時期は，その地域に**現生人類**が進出した時期と強く相関しています。また，地域ごとに千年前後の短期間に集中して起こったと推測されることから，後者の原因，すなわち狩猟の能力を高めたヒトによる影響が，無視できないと考えられています。

　気候要因あるいは人為的要因を重視するこれら2つの説明は，どちらか一方が正しく，他方は間違っているというような性格のものではありません。実際は，この両方の要因が絡まりあい，地域によってはさらに別の要因も加わって，超大型哺乳類の絶滅を加速したものと考えられるのです。

　超大型哺乳類が絶滅した後の狩猟の対象は，主にシカ類になりました。シカ

大型哺乳類はなぜ絶滅したのか？

を狩りやすい環境をつくるために，火を使って植生を管理することも，世界中に広まったようです。

3.5 氾濫原の自然と水田

　各地で発見されている水田の遺跡から，日本列島では，すでに 2,000 年以上も前から**水田稲作**が行われてきたことが明らかにされています。土木工事の技術が進歩する近世以前には，水田は，川のつくる谷筋や沖積平野の**氾濫原**に，その場所の自然の条件を活かしてつくられていました。

　火山帯にあって地形が変化に富み，**モンスーン気候**の影響下にあって降水量の多い日本列島では，定期的に洪水が起こるため，川のまわりには氾濫原が広がります。氾濫原は，増水や土砂の堆積・浸食などの作用によって，変化に富んだ微地形がつくられるのがその特徴です。そこには，大小の池沼，一時的な水たまりなどの**止水域**や地下水位に応じて，スゲ類，マコモ，ヨシ，ガマなどの**抽水植物**の群落やオギ原などが形成され，さらに，微高地にはクヌギやエノキなどの**河畔林**もみられます。その変化に富んだ環境は，多様な動植物に生活の場を提供してきました。

　水田が整備されるようになると，氾濫原を生活の場としていた動植物の多くが水田に棲み込みました。淡水魚は，かつては沼と川や湖を行き来していましたが，用水路を通って水田にやってきて，池沼や一時的な止水域と同じように，そこで産卵するようになりました。ゲンゴロウなどの水生昆虫や水草なども，池沼だけではなく，水田を生活の場とするようになりました。

　毎年，同じ場所に，しかもほぼ同じ時期に水が張られるだけではなく，一定の水深が維持される安定した水域と，そのまわりの樹林との組み合わせは，ヤゴやオタマジャクシが水中で育つために，繁殖に水域を必要とするトンボやカエルのような生き物にも好適な生息環境を提供します。日本のカエルのなかには，水田で産卵する種類が多くみられます。本州，四国，九州に生息する 14 種のカエルのうち，9 種が田んぼを産卵場所とします。

　水田のまわりにも，水を得るための水路やため池だけではなく，肥料や燃料，建材などを調達するための**雑木林**や草原などが配され，多様な環境からなる複合的な**農業生態系**がつくられました。これは，氾濫原に存在する複合的な生態系が，そのまま利用されたともいえるのです。

　農業が盛んになった後も，日本は古代以来ずっと，秋津州豊葦原瑞穂の国，

氾濫原の自然と水田

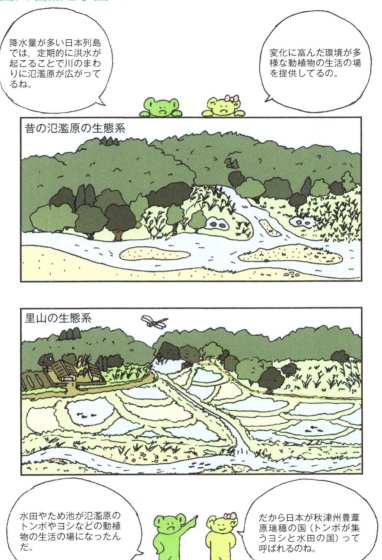

すなわち，トンボの集うヨシと水田の国でありつづけたのです（古語ではトンボは秋津という）。

3.6 植物資源の利用管理と生物多様性

　農耕がはじまった後にも，日本列島では採集が重要な役割を保ちつづけました。それは，山菜や魚や貝類など，直接食料とするものの採集だけに限りませんでした。稲作のために必要な肥料も，煮炊きや暖をとるための燃料も，家畜を育てるための飼料も，基本的には採集によって入手するという，非栽培あるいは半栽培の**植物資源**に依存した生産と生活が持続しました。

　また，植物資源の利用や管理に伴って生じる撹乱が，適度に明るい環境を広げ，そのような環境を好む多様な動植物の生活が保障されました。植物資源の採取は，定期的に撹乱を及ぼすだけではなく，植物体や落ち葉などの植物遺体のその場からの持ち出しを介して，窒素やリンなどの栄養塩の少ない貧栄養な土壌の状態を維持することができます。植物資源の採取に伴って生じるこれらの撹乱と貧栄養ストレスは，競争力の強い植物の圧倒的な優占を抑え，多くの種の共存を可能にします。

　春先に地面まで光が差し込む落葉樹林で花を咲かせるカタクリ，フクジュソウ，ニリンソウ，スミレ類など，季節的な光の窓ともいえる春の明るい環境を利用して生活する小型の植物は，**雑木林**の利用・管理のたまものともいえるのです。比喩的な表現ですが，里山利用の場では，人間の利用管理のための活動と多様な生物とは，共生的な関係にあるともいえるのです。

　ムギ畑を開発し，その場所本来の草原や森林とは異質な農業生態系に変えるのとは異なり，抽水植物のイネを半人工の湿地ともいうべき水田で育ててきた日本の多くの地域では，湿地の生物が生育・生息するための条件も広く維持されました。水田が湿地としての性格を残したことに加え，農業と生活のための植物資源と水資源を確保するための樹林，草原，ため池，水路などが水田のまわりに配された，**環境モザイク**ともいえる**複合的な生態系**は，生物にとって多様な生活の場を提供し，水田を含む水辺と森林や草原とが組み合わされた生育・生息条件を提供しました。

　定期的な落ち葉かきや下草刈りなどが行われる**里山**の雑木林では，地面が植生で密に覆われることがなく，オオタカやフクロウのような猛禽類が餌をとる場としても好都合です。また，サシバのように，主に水田で餌をとる猛禽類も

114　第3章　生態系とヒト

植物資源の利用管理と生物多様性

生息しています。伝統的な生産や生活にかかわる人間活動によって，その生育・生息が保障される動植物は少なくないのです。

3.7 イギリスの田園生態系

　イギリスの国土は，新石器時代以前には広く森林に覆われていましたが，農耕・牧畜が広がると，原生的な森林は農地や牧草地に変えられて，そのほとんどが失われました。太古の森林の片鱗が残されているのは，雑木林と生け垣だけです。

　農業が近代化されるまでは，農地や牧草地の境界には**生け垣**が緑のベルトをつくっていました。その生け垣のはじまりは，いまから1,000年以上前に植民してきたサクソン人が，土地の境に築いた土塁であるとされています。そこに森林の縁から分散された種子から芽生えた植物が根づき，また人の手で挿されたサンザシの枝が根を張り，意図せずして生け垣ができました。それは，野生動物や侵入者の襲撃から集落や畑を守るうえでの効果が大きく，人々は積極的に生け垣をつくって維持しました。その手入れは，生け垣を専門的に管理する生け垣職人の手で行われてきました。農村から都市に労働力を追いやった囲い込みの時代には，生け垣が農地の囲い込みの手段となりました。

　そのような歴史をもつ生け垣は，サンザシなどの低木を中心に，植えられた植物や，鳥や風によって種子が運ばれた林縁性の植物などからなり，そこには合計1,000種もの植物が記録されています。生け垣は，幅は狭くても連続した植生であることから，野生動物の餌場や隠れ場所，移動路としての役割も重要です。そこには，イギリスに生息する哺乳類の約半数，爬虫類と鳥類の約1/5の生息が確認されています。

　生け垣のつくる生息場所は，太古の昔に失われてしまった森林のギャップや林縁を代替しており，生物多様性の保全にとても重要です。一方で，害虫を食べる鳥類の生息を助けて作物の病害発生を抑制したり，畑の土が風で飛ばされて侵食されることを防いだりするなど，農業上の役割も期待されます。また，田園の風景を特徴づけるものであり，そこでの散策やバードウォッチングなどのレクリエーションになくてはならない存在です。しかし，農業が近代化されると，生け垣は邪魔ものとしてとり除かれることになりました。

　大部分の生け垣がとり払われた後に，生け垣の生物多様性と生態系サービスの重要性が認識され，1980年代の終わりごろから，生け垣の再生が**農業環境**

イギリスの田園生態系

政策のなかに位置づけられるようになり，現在では生け垣の再生が盛んにとりくまれています。

3.8 近代農業がもたらした生態系の危機

　日本の里山と水田からなるシステム，イギリスの生け垣で囲まれた農耕地・牧草地など，伝統的な農業生態系とそこにおける人間の営みは，多様な生態系サービスを提供する健全性と生物多様性の高い生態系でした。しかし，農業の近代化に伴う農業形態の変化や開発により，伝統的なシステムは喪失の憂き目をみることになりました。イギリスでは，農地規模の拡大のために，生け垣や石垣がとり除かれました。

　日本においても，生産効率を高めるための圃場整備が実施され，水田の多くが**乾田化**されました。用水路はパイプライン化され，生物の生息・生育の場としての用をなさなくなりました。ため池や排水路はコンクリートの三面張りになり，水辺の移行帯（エコトーン）が失われました。そのため，多様な水草や水生昆虫，魚や貝類などの生育・生息条件が失われました。

　整備工事の際に導入される外来の牧草をはじめとする**緑化植物**が明るい立地に広がり，強い競争力によって在来の野草と入れ替わり，あぜや道ばたや空き地の植生をきわめて単純なものに変えてしまいました。さらに，水や土壌が農薬に汚染され，過剰に使用される化学肥料がもたらす富栄養化もあいまって，湿地帯の多様な在来の生物は衰退し，そのような環境に強い，抵抗性と競争力に勝る外来種が蔓延する状況が生じています。

　そのことは，見た目の生態系，すなわち風景の単純化として感覚でとらえることもできますが，かつてはごく普通に見られた在来種の多くが**絶滅危惧種**になっているという事実も，そのような危機を象徴しています。

　それらの絶滅危惧種のなかには，最も身近な淡水魚であったメダカや水生昆虫のタガメ，かつては水田雑草であったミズアオイやデンジソウ，ため池に普通に見られたオニバスやアサザなどが含まれています。そのような「身近な絶滅危惧種」は，伝統的な農業にかかわる人間活動によく適応していたゆえに身近であったものの，改変された農業生態系や近代的な農業の営みには適応が難しい生物たちです。

　それらの絶滅危惧種の保全には，いまでもわずかに残されているかつての**水田－里山システム**の面影をとどめた場所と，近代的に改変された農業生態系を

近代農業がもたらした生態系の危機

比較して、それらの種との共存が可能な新たなシステムを構築すること、すなわち自然再生が必要です。

3.9 拡大造林がもたらした生態系の不健全化

　第二次大戦後，拡大造林が林業政策として重視されていた時代に，効率のよい木材生産をめざして，多様な樹林や草原の多くが，スギ，ヒノキ，カラマツなどのほぼ単一の樹種だけからなる植林地に変えられました。数十年を経て，それらが成長すると，単一の針葉樹が優占する単純な生態系である植林地が，国土の面積のかなりの部分を占めるようになりました。

　自然林や**二次林**（自然林の伐採後に成立する森林）が，高木層，中低木層，草本層の数層の葉層からなり，各層に何種類もの植物を含み，植生構造も複雑で，動物の生息場所の多様性も高いのに対して，針葉樹の**植林地**は，概して動植物の多様性が乏しいものになりがちです。また，スギやヒノキは外生菌根（2.6節参照）をつくらないため，針葉の落ち葉を分解する菌類も広葉樹やマツ林のそれらとは異なり，微生物相も概して大きく異なります。日本では，**拡大造林**でつくられた植林地も「森林」と呼ばれますが，それら人工林は，自然林，二次林，雑木林などとは生物相も構造も大きく異なり，単純です。

　英語では，植林地は森林にあたる forest とは呼ばず，plantation と呼んで，言語面でも区別されます。植林地，すなわちプランテーションは，木材などの生産のために人間が樹木を植えた，いわば「有用な」樹木の畑です。畑と同じように，目的とする「作物」の成長を妨げる害獣，害虫，雑草などを抑制する管理がなされ，いっそうの単純化がもたらされます。

　ところが日本では，植林地も他の樹林もすべてが「森林」という言葉で表されるため，生態系として，また提供する生態系サービスの面からも，非常に異なる生態系が混同され，多面的な機能に関する議論などにも混乱が持ち込まれがちです。森林という言葉のなかに，あまりにも異質なものが含まれているからです。

　落葉樹林が本来のバイオームである冷涼な気候帯の地域や，二次的に草原や落葉樹林として利用管理されてきた土地における拡大造林は，落葉樹林や草原の春先の明るい環境を利用しながら生きてきた動植物に絶滅の危機をもたらしました。生息・生育場所の大幅な喪失や環境改変がその原因です。

　たとえば，落葉樹林や草原を生育場所とするサクラソウは，一年中暗いスギ

拡大造林がもたらした生態系の不健全化

の林では生きつづけることはできません。本来の自生地のほとんどが拡大造林で失われた地域では、植林のすき間で細々と生き残っているにすぎません。

3.10 淡水生態系の危機

　地球は，「水の星」というのにふさわしい，水の豊かな惑星です。その水は，液体としてだけではなく，固体の氷，気体の水蒸気としても存在しています。液体の水の大部分は海水であり，生物がその生命活動に利用できる地表の真水は，地球に維持されている水のうち，体積にしてわずか0.008%でしかありません。そのわずかな水が，**河川や湖沼**などの**ウェットランド**の生育・生息場所をつくっています。

　清浄な真水がふんだんに利用できる**淡水生態系**では，実に豊かな生物多様性がはぐくまれています。自然の淡水生態系の縁には，陸域から水域に向かって水深などの環境がゆるやかに変化し，それに応じて生育する植物の種類が交代する**移行帯（エコトーン）**がみられます。移行帯は，植生の豊かさに応じて，動物の種類の多様性もきわめて高いゾーンとなっています。その生物多様性こそが，淡水生態系が提供する自然の恵み，**生態系サービス**の豊かさを保障しているのです。真水そのものがもつさまざまな機能を利用し，魚や貝類などの食べ物を得るなど，太古の昔から人々は，その生態系サービスに強く依存しながら暮らしを営んできました。

　しかし，世界的にみて，ここ数十年の間に淡水生態系は著しく劣化し，生物多様性と健全性が失われつつあります。それぞれのタイプの生態系を代表する脊椎動物の個体群の平均的動向である**個体群指標**の減少が最も著しいのも，淡水生態系です。1970年から2012年の間に，海洋生態系でのその指標値の減少は36%でしたが，淡水生態系における減少は81%にもなりました。淡水生態系の不健全化を招いた原因は，ダムの建設などの開発，埋め立てや沿岸の開発，流域の農地から流出する栄養塩や農薬などによる水質汚染などです。

　ブラックバスのように，利用目的で導入された外来種が，在来種の大量絶滅をもたらした例も少なくありません。アフリカのタンガニーカ湖では，漁業振興のために導入されたナイルパーチが，その影響によってカワスズメ科の多くの魚を絶滅させました。

　地域の持続可能性のために，その修復が強く求められているのが，淡水生態系なのです。淡水生態系と沿岸の浅海域はウェットランドとして，**ラムサール**

淡水生態系の危機

条約により国際的にもその保全・再生の重要性が認識されています。

3.11 カタストロフィックシフト
生態系の非線形な変化

　生態系の不健全化のひとつの様態として注目されるようになったのが，**カタストロフィックシフト**です。それは，作用に対して反応が直線的に増加するのではなく，相転移ともいうべき跳躍的な変化であり，その現象自体はレジームシフトと呼ばれることもあります。そのような変化が起これば，生態系が提供する多様なサービスが一挙に途絶えてしまいます。

　最もよく知られているカタストロフィックシフトは，浅い湖における「透明度が高く水草のゆらめく湖」から「植物プランクトンが優占する濁った湖」へのシフトです。人間活動の影響が比較的小さい浅い湖の生態系は，**沈水植物**が繁茂して，高い**透明度**を示すのが特徴です。**富栄養化**が多少進行したとしても，透明度はあまり低下しません。沈水植物が旺盛に成長し，透明度が維持されるからです。しかし，ある限界を超えたところから，透明度の急激な低下がみられるようになります。生産者として沈水植物などの大型植物と競争関係にある**植物プランクトン**が優占するからです。植物プランクトンが増加すると水が濁り，沈水植物などは光合成に必要な光を十分に得られなくなって衰退します。植物プランクトンが資源を独占しやすくなり，いっそう優占するようになります。このような**正のフィードバック**がかかると，生態系の状態は急速に変化して，以前とは大きく異なる状態で安定します。沈水植物などの大型植物が失われれば，それがつくる環境を産卵の場や隠れ場所などとして利用していた動物も，生息できなくなります。

　このように変化した湖の状態を元に戻すためには，栄養塩の負荷を，変化をもたらした限界値以下に下げるだけでは不十分です。それよりもずっと低い栄養塩濃度に下げること，あるいは魚をとり除いて，植物プランクトンを食べる動物プランクトンを増加させるなど，「荒療治」ともいえるような管理を加えることが必要なのです。

　沈水植物が優占することによる植物プランクトンの抑制と透明度の維持には，沈水植物による栄養塩の消費，植物プランクトンの主要な捕食者であるミジンコなどの動物プランクトンが魚による捕食から逃れるための隠れ場所の提供，湖底に沈殿した有機物の巻き上げの抑制などが関係しています。沈水植物

カタストロフィックシフト
〜淡水生態系の例〜

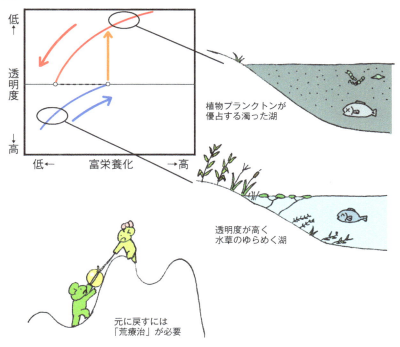

は、自身が生育しやすい条件をつくり出しているともいえるのです。

それに対して、ミジンコを食べる魚は、透明度の低い湖の状態をつくり出すことに荷担しています。動物プランクトンが減ると、植物プランクトンを抑えることができなくなるからです。魚を生態系の外にとり出す効果の高い漁業は、適切に行われれば、透明度の高い、水草ゆらめく健全な湖の生態系を維持することに役立ちます。

護岸のために水辺がコンクリートで固められて沈水植物群落が失われたり、農薬の影響によってミジンコ類が失われたりすると、植物プランクトンが優占する濁った湖への移行が促されます。

現在、世界中で浅水域の生態系の不健全化が進行しています。それは、過剰に栄養塩（化学肥料に由来）や農薬を流入させる流域での人間活動、水辺の植生の破壊、外来魚などの影響による漁業の衰退がもたらした、「水草ゆらめく澄んだ湖」から「アオコで濁った湖」へのカタストロフィックシフトなのです。

3.12 エコロジカルフットプリント

　生物の生産性からみた地球の**環境容量**（キャリングキャパシティ）を測り，人間活動の現状を評価しようという試みがなされています。その尺度として提案されているのが，生態学的「足跡」（**エコロジカルフットプリント**）です。

　人類のエコロジカルフットプリントとは，主要な人間活動に地表面積がどのくらい使われているかを示す面積指標です。穀物，畜産物，水産物などの食料および木材の生産や，化石燃料の消費に伴う二酸化炭素の排出を植生による吸収でバランスさせるのに必要な地表面積，および道路や市街地などの土地利用面積の合計です。主要な人間活動を，面積という一元的尺度によって統一的に定量化し，全地表面積という地球の制約と明瞭に比較できる点に，その特徴があります。

　そのような一元的な尺度での定量化が可能なのは，食料や燃料などの資源は光合成による有機物生産によって供給されていますが，その生産は地表に降り注ぐ**太陽エネルギー**に依存するため，地表面積によって供給量が制約されていることによっています。

　さらにこの指標は，現代社会の経済が大きく依存している**化石燃料**の利用にかかわる生態学的な制約を考慮しています。化石燃料は過去の生物の生産物です。指標への算入は，二酸化炭素の蓄積と植物による吸収をバランスさせるのに必要な植生面積によってなされています。

　環境経済学のワッカーネゲル（**M. Wackernagel**）博士らの研究によれば，現在の全人類によるエコロジカルフットプリントは，すでに全地表面積を20%以上も超過していることが示されています。この超過が，大気中への二酸化炭素の急速な蓄積をもたらしているともいえるのです。

　地球の限界を超えた大幅赤字ともいえる事態の責任は，主として先進国で大量消費，**資源浪費型**の生活を営む人々にあるといえます。国民1人あたりのエコロジカルフットプリントは，国によって大きく異なり，最大のアメリカ合衆国と最小の貧しい国々とのちがいは，何十倍にも及んでいます。限界を超えた人間活動の帰結として，気候変動などの環境悪化の被害に苦しまなければならないのは，それに対処するための資力も手段ももたないエコロジカルフットプ

126　第3章　生態系とヒト

エコロジカルフットプリント

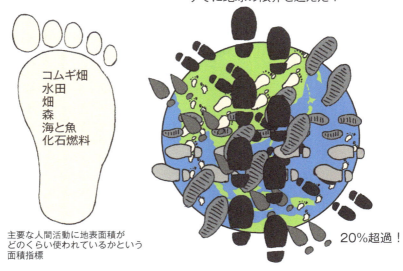

リントの小さい国々の人々と，この事態に何ら責任のない将来世代の人々であるということを忘れてはならないでしょう。

3.13 カエルの受難

　初夏になると，田んぼの方からうるさいほどにぎやかに聞こえてきていたカエルの合唱が，いつのころからか途絶えてしまい，沼のあたりから響いてくるのは，不気味な外来種のウシガエルの鳴き声だけになってしまった地域が増えています。在来の**カエルの減少**は，世界中で問題になっています。世界中で，カエルが姿を消しつつあるのです。

　1980年代に，コスタリカの雲霧林に棲む「宝石のように美しい」とされた**オレンジヒキガエル**が絶滅しました。自らの胃袋のなかでオタマジャクシを育てるという，世にも不思議な習性をもつオーストラリアのカモノハシガエルも含め，カエルの絶滅が相次ぎ，世界各地で消えるカエルの謎を解くための研究が行われました。

　その結果，ペット用の商取引のための乱獲，酸性雨，オゾン層の破壊による紫外線増加の影響，外来種の観賞魚がもたらした伝染病の発生，内分泌撹乱物質による免疫系の弱体化，温暖化に伴う異常気象，水辺の開発による生息環境の喪失など，さまざまな原因が疑われるようになりました。そして，地域ごと，種類ごとに異なる要因が，しかも複合的に作用しているらしい，ということがわかってきたのです。

　オレンジヒキガエルの絶滅については，**温暖化**によって，干ばつで水たまりができない年が数年続いて繁殖が妨げられたことや，新しい病気が蔓延したことが原因ではないかと推測されています。温暖化がもたらす影響は，このようにいくつもの因果関係のルートを通じて，種の絶滅を加速する可能性があるのです。最近では，農薬が大気によって使用場所から遠く離れた雲霧林に運ばれて土壌を汚染したことも原因として疑われています。

　カエルは，羽毛や毛皮などをもたず皮膚が露出しているため，汚染物質や紫外線などへの感受性が特に高い動物です。世代時間も短いカエルには，全般的な環境悪化の影響が，哺乳類や鳥類より先んじて現れていると解釈することができます。つまり，カエルの受難は，私たちヒトも含めて，広く地球上の生物が被る環境悪化の深刻な影響の前ぶれとみることもできるのです。

　身のまわりの生き物に関心を持ちつづけることは，手遅れになる前に，今後，

カエルの受難

私たち自身がどのような環境の問題に対処しなければならないのかを予見するうえでも有益です。

3.14 ミレニアム生態系評価①
数字で見る生態系の変化

ミレニアム生態系評価とは，国連のイニシアチブのもとに，世界の95か国，1,360名の専門家が参加して実施された，大規模な生態系の**アセスメント**です。そのねらいは，生態系の現状を正しく把握して，気候変動枠組条約，生物多様性条約，ラムサール条約など，国連の環境関連条約の効果的な運用に役立てること，また，各国政府，NGO，企業，市民が環境保全に向けた適切な行動を選択できるように，確かな情報を提供することです。

そのため，生態系の変化が**人間の幸福**（well-being）にもたらす影響を具体的に明らかにし，いくつかの政策の選択肢から，適切な政策やその組み合わせを選ぶことができるように情報を提供することがめざされました。

2005年に公表された報告書には，この数十年間の各地での生態系の改変がいかにすさまじいものであったかが数字で示されています。まず，主要なものを紹介しましょう。

●過去40年間（1960～2000年）に，農業や工業や日常生活に利用するために河川や湖沼から取水される水は2倍に増加し，ダムの貯水量は4倍になりました。地域によっては，地表を流れる水の40～50%が人間に利用されています。

●食料増産をめざした農地整備によって，1950年からの30年間に農地に変換された土地の面積は，1700年から1850年までの150年間に農地に変換された土地よりも広く，現在では，耕作に利用されている土地（休耕地も含む）は，陸地面積の1/4に上ります。

●20世紀の後半には，世界のサンゴ礁の20%が失われ，さらに加えて20%が著しく劣化しました。マングローブ林は35%が失われました。

●1960年以降，植物が利用可能な窒素の量が2倍になりましたが，それは，自然のプロセスによる全窒素固定量よりも多くの窒素を，人間が肥料をつくるために工業的に固定しているからです。1960年から1990年の間に，リン肥料の使用量と農地への蓄積量は，ほぼ3倍になりました。

●海洋漁業の対象魚種の1/4は，乱獲によって，すでに資源としては崩壊状態にあります。そのため，1980年代までは増加してきた漁獲量が，現在では急速に減少しつつあります。

ミレニアム生態系評価①
~数字で見る生態系の変化~

- 過去40年間に農業や工業、日常生活のために取水される水の量は2倍に増加
- ダムの貯水量は4倍に

- 農地整備により、耕作に利用されている土地は、陸地面積の1/4に

- 20世紀の後半にサンゴ礁の20%、マングローブ林の35%が消失

- リン肥料の使用量と農地への蓄積量は3倍に

- 海洋漁業の対象種の1/4はすでに乱獲で資源が崩壊

3.15 ミレニアム生態系評価②
生態系サービスと人間の幸福

　生態系の変化が「人間の幸福」にどう影響するかを解明することに主眼を置くミレニアム生態系評価では，「生態系サービス」がその分析・評価の中心に置かれました。生態系サービス（0.10 節参照）は，人間の幸福の視点から見た生態系の機能であり，生態系と人間社会との関係を客観的に理解するための重要な評価対象です。生態系サービスは，生態系がそのさまざまな機能を通じて人間に提供している物質的，経済的，社会的，精神的なあらゆるサービスを意味します。主要な生態系サービスと人間の幸福との関係については，右の図に示したような整理がなされました。

　生態系サービスは，4つのタイプに分類することができます。①食料，水，材木，繊維，遺伝子資源などの「**資源供給サービス**」，②気候，洪水，水質，病気の制御，送粉といった「**調節的サービス**」，③レクリエーション，美的な楽しみ，精神的な充足などの「**文化的サービス**」，④それら全体を支える基盤的な機能である土壌形成，栄養循環などの「**基盤的サービス**」です。生物多様性は，これらすべての生態系サービスの源泉であるとともに，健全性の指標とみることもできます。

　食料や水は，いくつかの基盤的機能に支えられた資源供給サービスによって提供されます。今日では私たちは，生産や生活の必需品を化学合成に頼っています。しかし，天然の化合物，たとえば紙や衣類の原料となる天然の繊維や生薬の需要は，現在でも相当に大きいものです。

　人間の幸福とは，衣食住が保障されても，それで十分というものではありません。安全や健康，文化的な充足，まわりの人々とのきずな，すなわち，よき社会関係などがあってはじめて，心身ともに満ち足りた生活といえるでしょう。衣食住を支える資源の供給はもとより，安全，健康，文化面で満ち足りた生活や，良好な社会関係を維持するための多様なサービスを生態系が提供しているということは，現代の生活においては忘れがちです。

　たとえば，一見取るに足らない存在のようにみえる湿地は，きわめて多様なサービスを提供しています。水の汚染をとり除く自然のフィルターとして，また，大雨が降ったときに水を蓄えて洪水を防止する調整池として機能します。

ミレニアム生態系評価②
〜生態系サービスと人間の幸福〜

それだけではなく，魚や貝類などの食料を採集する場であり，さらには，野生生物とのふれあいの場としてレクリエーションにも利用されています。湿地が失われれば，これらの多様な機能のすべてが同時に失われるのです。

3.16 生態系サービスのバランスシート

　生態系は，私たちの安全にも大きく寄与しています。植生は，地震の際の地滑りや津波などの災害から，人々の命と暮らしを守ります。たとえば，マングローブ林が残されている場所では，台風や津波の被害が緩和されます。それらがエビの養殖池などとして開発されると，かつて経験したことのないような災害がもたらされることがわかってきました。精神的なサービスや文化的なサービスは，地域や個人によって，どのようなサービスが重要であるかは必ずしも同じとは限りません。けれども，それらが私たちの幸福感に大きく影響することだけは確かです。

　人類による生態系サービスの利用は急速に増加しています。同時に，いくつもの生態系サービスにおいて，急速な劣化が進んでいます。**ミレニアム生態系評価**で明らかにされた，24 の主要な生態系サービスのバランスシートを見てみましょう。

　24 のサービスのうち，増加したサービスはいずれも食料生産にかかわるもので，それらを合わせて，1961 年から 2003 年にかけて，食料生産は 2 倍以上に増加しました。しかし，これらと密接な関係をもって劣化したサービスが，いくつもあるのです。森林や草原や湿地を開発して農地が整備されましたが，人為的に改変されて食料生産に利用されている土地の面積は，いまでは陸上の土地面積全体の 25％を超えるまでになっています。そのために，自然の生態系が担っていたさまざまなサービスが低下しました。化学肥料の多投入は，水質の悪化をもたらしています。とりわけ深刻なのは，**富栄養化**がもたらすカタストロフィックシフト（3.11 節参照）です。

　食料供給にかかわるサービスのうち，**海洋漁業**の水揚げ量は，1980 年代にピークを迎え，いまでは低下の一途をたどっています。多くの海域において，漁獲量は近代的な漁業導入以前の 1/10 にまで低下しました。漁業資源の減少により，貧しい地域から貴重なタンパク質源が奪われました。

　湿地の消失と汚染は，清浄な水を供給する機能を低下させました。大規模な森林破壊の結果，降水量が減少し，利水に困難が生じた地域もあります。種子植物の繁殖に必要な送粉者となる昆虫や鳥などの減少により，調節的サービス

生態系サービスのバランスシート

生態系のバランスシート

生態系サービス	サブカテゴリー	状況（↑：増加，↓：減少 ＋/－：どちらともいえない
資源供給サービス		
食料	穀物	↑
	家畜	↑
	漁獲	↓
	水産養殖	↑
	野生状態の食物	↓
繊維	木材	＋/－
	綿，麻，絹	＋/－
	木材燃料	↓
遺伝資源		↓
生物化学品，自然食品，医薬品		↓
淡水		↓
調節的サービス		
大気の質の制御		↓
気候の制御	地球全体（アルベド）	↑
	地域スケール	↓
水の制御		＋/－
土壌の浸食と制御		↓
水質の浄化と排水処理		↓
疾病の制御		＋/－
害虫の制御		↓
花粉の媒介（送粉）		↓
自然災害の制御		↓
文化的サービス		
精神的・宗教的な価値		↓
審美的価値		↓
レクリエーション・エコツーリズム		＋/－

である**送粉サービス**が低下し，多様な間接的影響が生じています。湿地の消失は，自然の遊水池機能を失わせ，洪水などの災害の危険を増加させています。

3.17 外来種はなぜ強い？

　外来種とは，何らかの人為によって，本来の生息地域の外にもたらされた生物種のことです。外国から導入された生物だけではなく，国内で生息地域の外に人為的に移動させられた生物も外来種ということになります。たとえば，三宅島に導入されて，固有種のアカコッコやオカダトカゲやなどを絶滅の危険に陥れているイタチは，国内移動によってもたらされた外来種です。

　経済がグローバル化するにつれて，利用のために意図的に，あるいは大量に運搬される物資の移動に付随して非意図的に，本来その生態系には含まれていない生物が，生態系にもたらされる機会が増えてきました。一方で，人間活動による干渉の大きい市街地や近代的に整備された農地などの土地利用が優勢になり，在来の生物の生息・生育には適さない環境が広がっています。これらがあいまって，外来種が定着することが多くなっているのです。そして，外来種が侵入先で蔓延して問題を引き起こすことが，世界的にも日本の国内でも多くなってきました。

　外来種がときとして侵略的になるのは，次のような理由から，「生態学的な必然」であるといえます。まず，外来種は，競争力や繁殖力などにおいて，近縁の在来種に勝ります。それは，外来種として定着した種は，人間による選抜や環境による選択の関門をくぐり抜けた強い生物であることに加えて，**生態的に解放**されていること，すなわち，病原菌や天敵などの影響を免れていることによります。

　さらに，外来種がときとして在来種に大きな影響を及ぼす理由として，在来種と外来種の間では，その関係が進化的に未調整であるため，競合する生物，餌となる生物，寄生される（病気になる）生物，すなわち「弱い生物」が「強い生物」に対して**防衛機構**をもたず，その影響には歯止めがきかないことを挙げることができます。新規の病原生物やウイルスが，人間社会にとてもやっかいな問題を引き起こすことを思い出していただければ，このことは理解しやすいのではないでしょうか。エイズやSARSなどが怖いのは，それらの新規のウイルスと私たちが出会ってから日が浅いからです。ともに過ごした進化的な時間が長ければ長いほど，生物間の関係は適応進化によって調和のとれたもの，

136 ｜ 第3章　生態系とヒト

外来種はなぜ強い？

すなわち弱い生物が一方的に犠牲にはならないような関係となります。外来種は在来種との関係の歴史が浅く，**関係調整に向けた適応進化**が起こる前に，在来種に壊滅的な影響を与えるおそれがあるのです。

3.18 外来種によるさまざまな影響

　外来種が，捕食，食害，病害，競争，交雑，生殖攪乱，あるいは生態系の物理的基盤の改変などによって在来種の局所的絶滅をもたらすことは，生物多様性の保全と健全な生態系の維持を難しくしています。外来の害虫や雑草は，農業に深刻な影響を与えます。外来の牧草やブタクサ類など，花粉症で私たちの健康を損なう外来植物も増えています。このような被害を引き起こすやっかいな外来種を**侵略的外来種**と呼んでいます。

　外来種が定着することを**生物学的侵入**ともいいます。それは，人間活動がもたらした生態系の不健全化や単純化の結果であるともいえますが，生物学的侵入は，さらにいっそう生態系の不健全化を加速し，生物多様性を脅かすのです。

　外来種がもたらす影響は，きわめて多岐にわたりますが，次のようなものがあります。

(1)生物間相互作用を通じて在来種を脅かす。

　①食べる－食べられるの関係を通じて影響を及ぼす。

　②競争によって在来種を抑圧する。

　③寄生生物を持ち込んで在来種を脅かす。

　④生物間相互作用を通じて多様な影響を及ぼす。

(2)在来種と交雑して雑種をつくることにより在来種の純系を失わせる。

(3)生態系の物理的な基盤を変化させる。

(4)ヒトに病気や危害を加える。

　①伝染病を持ち込む。

　②花粉症を引き起こす。

　③ヒトに直接の危害を加える。

(5)産業への影響

　①農業への影響

　②林業への影響

　③漁業への影響

　④利水障害

外来種によるさまざまな影響

(1) 生物間相互作用を通じて在来種を脅かす

①食べる－食べられるの関係を通じて影響を及ぼす

②競争によって在来種を抑圧する

③寄生生物を持ち込んで在来種を脅かす

④生物間相互作用を通じて多様な影響を及ぼす

(2) 在来種と交雑して雑種をつくることにより在来種の純系を失わせる

(3) 生態系の物理的な基盤を変化させる

(4) ヒトに病気や危害を加える

(5) 産業への影響

伝染病を持ち込む
花粉症を引き起こす
ヒトに直接危害を加える

農業への影響

漁業への影響

林業への影響

利水障害

3.19 絶滅のおそれのある動植物

　地球レベルから地域レベルまでのさまざまな人間の影響により，現在，多くの生物が絶滅の危機にさらされています。2018 年に IUCN（国際自然保護連合）が公表したレッドリスト（絶滅が危惧される種のリスト）では，評価対象とした脊椎動物の 18%，維管束植物では 50% が絶滅の危険にあるとされています。脊椎動物のうち，評価対象となった種が比較的多い哺乳類は，地球に生息する種のほぼ 1/4 が絶滅危惧種となっています。哺乳類のなかでも，分類群によって絶滅危惧種の比率は異なり，ネズミ類などの小さな動物では比較的低いのに対して，大型の哺乳類では比率が高い傾向があります。また，霊長類では，すでに半数の種で絶滅が心配されるまでになっています。ゴリラ，チンパンジー，オランウータンなど，動物園でなじみのある霊長類は，ほとんどが危機的な状況に陥っているのです。

　特定の地域における特定の種の絶滅の危機には，その種の生態的な特性や生活史などの内的な要因と，その地域における人口や，人間活動のあり方などの外的な要因の両方が関係しています。

　霊長類で絶滅の危険が高い理由としては，多くの種が熱帯域の森林を生息地としているために，熱帯林の破壊の影響を強く受けることを挙げることができます。経済的に貧しい地域において横行する密猟の犠牲になる可能性もあります。しかも，一度に多くの子どもを産むことがないため，いったん減少した個体群を回復させることは困難です。一方で，シベリアトラやアムールヒョウなどの絶滅の危険がきわめて高い種を含むネコ科の動物は，捕食者として生態系の頂点に立っているため，生息に必要な面積が大きく，土地利用の変化の影響を受けやすいものと考えられています。やはり，一度に育てることができる子どもの数が少なく，減少がはじまると歯止めが利きません。

　個体数がきわめて限られ，絶滅の危険が高いこれらの種に対しては，種ごとにきめ細かい保護・保全の対策が必要です。それに対して，一度に産む子どもの数が多く繁殖力の大きい種は，生息地の環境を保全することで，他の多くの種とともに絶滅の危険を減少させることができます。

　土地利用の改変などの開発，侵入生物の影響，環境汚染，気候変動（温暖化），

絶滅のおそれのある動植物

世界の絶滅のおそれのある動植物の割合（2018年）

分類群	総種数	評価対象種	絶滅危惧種	評価対象種中の絶滅危惧種の割合
哺乳類	5,677	5,677	1,210	21%
鳥類	11,122	11,122	1,469	13%
爬虫類	10,711	6,669	1,236	19%
両生類	7,866	6,682	2,100	31%
魚類	33,900	16,406	2,385	15%
脊椎動物計	69,276	46,556	8,400	18%
維管束植物	281,052	25,279	12,696	50%

（IUCN レッドリスト web ページ(http://www.iucnredlist.org/)より）

利用のため，あるいは直接の個体の間引きなどが，種の絶滅の危険を高めている要因とされています。それら人間活動の圧力しだいで，今後さらに大量の絶滅が起こることが危惧されています。

3.20 日本での絶滅のおそれの高まり

　すでに3.8節でも紹介しましたが，私たちの身のまわりにも，絶滅危惧種となった生物種は少なくありません。分類学の専門家の協力を得て環境省が作成した**日本のレッドリスト**では，哺乳類，両生類，汽水・淡水魚類，カタツムリなどの陸生および淡水の貝類などにおいては，日本に生息する種のうちのいずれも1/4から1/3程度が絶滅危惧種として掲載されています。そのなかに，かつての身近な動植物種が数多く含まれていることについては，すでに3.8節で紹介しました。縄文時代から日本列島の人々にとって重要な食料であったハマグリも，今では絶滅危惧種です。

　環境の変化に富み，多くの植物の局所的絶滅をもたらした最終氷期の影響をあまり受けていない日本列島は，豊かな植物相を誇ってきました。しかし，現在では，維管束植物（種子植物とシダ植物）の絶滅危惧種は，2割を超えるまでになっています。そのなかにはフジバカマやキキョウなど，かつてはごく普通であった植物が数多く含まれています。植林を含む開発による自生地の喪失のほか，伝統的な水田，ため池，雑木林などの管理がなされなくなり，ササや外来の侵略的な生物が優占し，生態系が単純化していることもその一因です。

　アメリカでは，絶滅危惧種に指定された種については**回復計画**をつくり，それを実践することが法で求められています。すでに1,000以上の回復計画が立案され，実施されています。

　それに対して日本では，これらの絶滅危惧種を回復させるための有効なしくみや体制がいまだ十分ではありません。絶滅危惧種の保全は，研究者や市民による自発的な活動に大きく負っています。かろうじて絶滅危惧種が残されている地域では，そのような活動によって絶滅危惧種が守られていることが少なくありません。

142　第3章　生態系とヒト

日本での絶滅のおそれの高まり

日本の絶滅のおそれのある動植物の割合（2018年）

分類群	総種数 （評価対象種）	絶滅 野生絶滅	絶滅危惧種	評価対象種中の 絶滅危惧種の割合
哺乳類	160	7	33	21%
鳥類	700	16	97	14%
爬虫類	100	0	37	37%
両生類	76	0	29	38%
汽水・淡水魚類	400	4	169	42%
脊椎動物計	1,436	27	365	25%
陸・淡水貝類	3,200	19	616	19%
維管束植物	7,000	39	1,786	26%

〔環境省 web ページ (https://www.env.go.jp/) より〕

3.21 生態系修復＝自然再生の先駆け

　1万年もの間，ネイティブアメリカンの生活の場として豊かな自然の恵みを与えてきた北アメリカの森林や湿原や**大平原**の草原**プレーリー**は，ヨーロッパ人の入植後300年ほどの間に，その大部分が農地，牧草地，植林地などに変えられました。その劇的な改変は，まさに不健全化と呼ぶべきものでした。

　かつてのプレーリーは，植生を失って**ダストボール（砂嵐）**の常襲地帯となり，結局は広大な農地が放棄されました。現在，本来のプレーリーの植物がわずかに残存している場所もありますが，あまりにも厳しい孤立状態にあるため，花粉を運ぶ昆虫が訪れず，繁殖もできません。かつては北アメリカ内陸部の広大な地域を占めていたプレーリーは，すでに「死んだ生態系」といわなければなりません。

　そんなプレーリーを，小規模とはいえ回復させる努力が，すでに100年近く続けられています。ウィスコンシン大学のプレーリー植生回復プロジェクトです。

　19世紀中ごろまでプレーリーだったその土地は，開発されて農地や放牧地として利用された後に放棄され，1930年にウィスコンシン大学が購入することになりました。激しい土壌侵食を受けたその土地には，灌木とアザミ類が繁茂し，プレーリーとは似ても似つかない植生となっていました。

　当時，野生生物生態学講座の教授であった**アルド・レオポルド**（A. Leopold）は，プレーリー生態学の第一人者であったセオドル・スペリー（T. Sperry）に再生計画の指導を依頼しました。その指示のもと，野焼きによって灌木やアザミをとり除き，農地開発の際に掘られた排水路を埋め，当時わずかにプレーリーらしい植生が残されていた南ウィスコンシンからボランティアが集めた種子をまき，**自然再生の先駆け**ともいえるこのプロジェクトがはじまりました。最初に植えた植物はほとんどが枯れてしまいましたが，粘り強い再生の努力が継続されました。野焼きと外来種の選択的除去が定期的に実施され，何十年も経て，ようやくプレーリーらしい植生が戻ってきました。

　再生されたプレーリーのかけらともいえる自然を維持するために，現在まで営々と努力が続けられてきました。その努力をやめれば，かつてそこに雄大な

生態系修復＝自然再生の先駆け
〜ウィスコンシン大学のプレーリー植生回復プロジェクト〜

プレーリーの自然があったという「確かな記憶」も，わずかに絶滅を免れたプレーリーの植物も，後世に伝えることができないからです。

3.22 順応的管理による生態系の再生

　生態系の不健全化が広く認識されるようになり，森林，草原，湿原，河川，流域などの管理手法として重視されるようになったのが**生態系管理**です。

　生態系管理とは，生態系の望ましい特性，すなわち生物多様性や健全性，生産性や生態系サービスの維持，あるいはそれらの回復のための手法や実践を導く科学・技術を広く意味します。日本で「**自然再生**」と呼ばれるとりくみも生態系管理に含まれます。すでにアメリカでは，少なくとも理念としては，自然資源管理の分野の政策に広くとり入れられています。生態系管理の手法としては，「**順応的管理**」が推奨されています。

　順応的管理は，従来のような固定的な計画と，行政の一部門のみによる管理では，生態系の健全性を維持できないことが明白になったのに伴い，それに代わる手法として提案されました。順応的管理は，生態系のふるまいに不確実性を認め，政策の実行を順応的な方法で，また多様な利害関係者の参加のもとに実施する管理です。

　順応的管理では，管理や修復，再生などの実践や事業を，科学的な実験とみなします。すなわち，その計画は仮説として，管理・事業・実践は実験とみなされ，モニタリングによって仮説の検証を試みます。その結果の評価を経て，生態系へのよりよい働きかけを行うべく，新たな計画＝仮説を立てて，事業の「改善」がなされるというように，らせん状に発展していくとりくみです。

　順応的管理プログラムにおいては，科学的な立場からの意見はもちろんのこと，広く利害関係や関心をもつ人々の間で，合意を図るような場が重要です。すなわち，科学的な必要性や，行政上あるいは社会的なさまざまな要求のいずれをもバランスよく考慮するための意思決定フォーラムが，非常に重要な役割を果たします。そのためには，できるかぎり正確な科学的データをもとに，専門的な事項についても相互に理解したうえで，合意形成が図られなければなりません。

　アメリカ・フロリダのエバーグレイズ再生計画や，グランドキャニオンの生態系管理（3.23節参照），オーストラリアのグレートバリアリーフでの大規模な保全・修復実験など，現在では，多くの事業や実践が順応的管理プログラム

順応的管理による生態系の再生

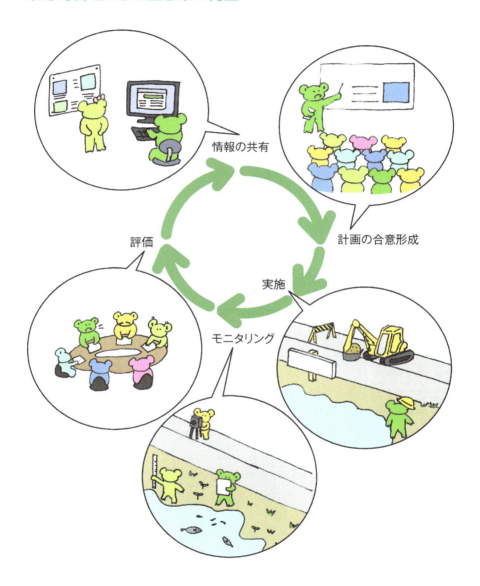

として進められています。日本においても，自然再生や生態系の管理を順応的に進めることが，基本的な方針として掲げられています。

3.23 順応的管理プログラムの例

グランドキャニオンモニタリングプログラム

グレンキャニオンダムは，アメリカ西部を，ロッキー山脈の水を集めて流れる**コロラド川**に，アメリカにおけるダム建設の黄金時代ともいえる 1960 年代に，コロラド川の貯水計画における 6 つのダムのひとつとして建設されました。その下流側には，砂漠の台地を川が深く削ってつくり出された特異な渓谷景観として有名な世界遺産のグランドキャニオンが広がっています。

ロッキー山脈を水源とし，乾燥気候帯を流れるコロラド川は，流量の季節変化の大きい川です。雪解けの水による春の洪水と夏の嵐による洪水，夏から秋にかけての乾燥が，グランドキャニオンの生態系を特徴づけてきました。そこで生活する動植物は，何万年，何十万年もの間くり返されてきた，そのような水位の季節的変動に適応しています。

ところが，ダムの運用によって季節的な水位変動が失われ，その結果として，コロラド川とグランドキャニオンの生態系は大きく変化しました。在来魚の生息に適した環境は失われ，ニジマスなどの外来魚が優占するようになりました。ダムの建設前には，水辺の植物は，主に夏の洪水の後に発芽し，春の洪水前に種子を生産して枯れる短命な一年草でしたが，洪水がなくなってからは，外来種の多年生植物が優占するようになりました。植生の発達により，昆虫，爬虫類，両生類，小鳥，小さな獣が増え，ハクトウワシなどの捕食者が引き寄せられるようになりました。

垂直に切り立った崖からは，砂漠の熱い太陽に焼かれて風化した砂や礫が絶えず崩れ落ちます。かつては洪水が，崖から落ちた砂や礫を洗い流し，岸辺に堆積させて浜辺をつくるはたらきをしていました。洪水がなくなると，流路に巨礫が堆積し，グランドキャニオンの呼びもののひとつでもある急流下りの危険が増しました。一方で，キャンプなどに利用できる浜辺が浸食されてなくなりました。これらの観光資源の減少は，地元にとっては経済的な痛手となっていました。

1970 年代の半ばごろ，急流下りをスポーツとして楽しむ人々や科学者が，

148 第3章 生態系とヒト

順応的管理プログラムの例
～グランドキャニオンモニタリングプログラム～

● かつてのグランドキャニオン

- 世界的な景勝地
- レクリエーションエリアとしての自然的・文化的・観光的価値

● 近年のグランドキャニオン

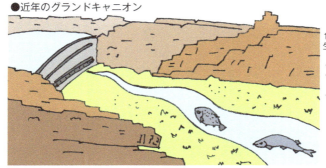

1960年代ダム建設
生態系が大きく変化
- 季節的洪水の消失
- 外来植物タマリスクの繁茂
- 外来魚の増加

順応的管理プログラム

意思決定のためのフォーラム

放流実験

外来種の除去実験

グランドキャニオンの環境の変化に気づきました。この問題に関して開拓局による本格的な調査が実施され，その調査結果に基づいて1992年にグランドキャニオン保護法が制定され，連邦政府がグランドキャニオンの環境保全にとりくむことになりました。

その後もさらに詳しい調査が行われ，長期的な監視と調査のプログラムとして，**グランドキャニオンモニタリングプログラム**が策定されました。グランドキャニオンの生態系保全のためのダムの運用のあり方を実験的な手法を用いながら検討しています。1996年3月には，当時の内務省長官が指揮をとって，人工的に洪水を起こす実験が行われ，大きな話題を呼びました。それもこのプログラムの一環として実施されたものです。

このプログラムは，順応的管理として実施されています。意思決定のために組織されているフォーラムは，グランドキャニオン順応的管理プログラムワークグループです。このワークグループには，6つの先住民部族，7つの州，5つの連邦政府機関，1つの州機関，2つの電力会社，2つの環境グループ，2つのレクリエーショングループから各1名ずつのメンバーと，内務長官が指名する議長（開拓局職員）が加わっています。このプログラムではさらに，放流実験などについての科学的・技術的問題を，専門的な見地から検討するテクニカルグループが組織されています。

さまざまなタイプの放流実験や外来魚の除去など，多様な実践が順応的管理のもとに進められています。

イギリスのグレートフェンプロジェクト

世界的に減少が著しい泥炭湿地の自然再生がヨーロッパでは盛んになりつつあります。

その先駆けともいえるのが，イギリスで，1930年代に，「生態系」という用語を提案したケンブリッジ大学教授のタンスレー（A. G. Tansley）も加わってはじめられた，東イングランドの「**フェンランド**」と呼ばれる泥炭湿地の保全・再生のとりくみです。その当時は，フェンランド特有の動植物と生態系に関心をもつ研究者や自然愛好家が中心となり，「**トラスト**」によって保全対象地が確保されました。

フェンランドが農地開発されたのは19世紀ですが，その特有の自然が失わ

れただけではなく，地域一帯の地盤が沈下しはじめました。泥炭が乾くと水分が失われるだけではなく，有機炭素の好気的分解も加わって，地盤沈下が進みます。現在では地盤が海面よりも低くなり，災害の危険も高まっています。そこで，近年になると，農地として開発された泥炭湿地を湿地に戻すとりくみやフェンランドの保全地をネットワーク化する「**グレートフェンプロジェクト**」が国家プロジェクトとして進められるようになりました。かつては排水のために使われた風車が，今では再生湿地に河川から水をとり込むために使われています。

順応的管理プログラムの例
〜グレートフェンプロジェクト〜

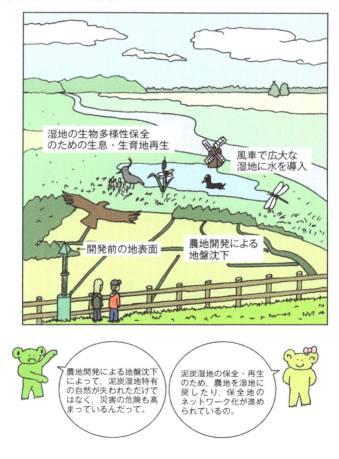

3.24 富栄養化と流域における生態系修復

　現在では，人間が工業的に固定する窒素の量は，生物による自然の**窒素固定**の量を上回っています（0.4節および3.14節参照）。工業的に固定される窒素は，**化学肥料**として農地にまかれ，作物に吸収されない余剰分は水に溶けて，あるいは土壌粒子に有機物として付着したものが流されて川や湖や海に入り，富栄養化を引き起こします。

　富栄養化は，**植物プランクトン**における緑藻とケイ藻のバランス，あるいは水草，海藻，海草などの大型植物と植物プランクトンの競合関係を変化させます。植物プランクトンは，貧栄養条件のもとでは大型の水生植物より不利ですが，富栄養化すると俄然（がぜん）有利になります。植物プランクトンが増えれば，水が濁って大型の植物は光合成ができなくなり，ますます植物プランクトンが有利になるのです。植物プランクトンが大発生すると，その死骸が分解されるときに酸素が消費しつくされて，貧酸素層や**貧酸素水塊**が形成されます。ときとして，外来魚やクラゲなどの大発生を招くこともあります。

　ミシシッピ川の上流域には，広大な農業地帯が広がっています。農地から出てくる窒素は，最終的にはメキシコ湾を富栄養化させてしまいます。ケイ藻類は，その外殻の形成にケイ酸を必要とするため，ケイ素／可溶性無機窒素比が小さくなると，増殖できなくなります。ミシシッピ川の河口の海域においては，土地利用の変化と農業における大量の肥料の使用により，ケイ素／可溶性無機窒素比が，およそ3：1から1：1へと変化しました。その結果，ケイ藻が生産者で，それを捕食するカイアシ類が優占する食物網から，赤潮をもたらす植物プランクトンが圧倒的に優占する食物網への変化が起こりました。

　植物プランクトンの大発生の果てに，大量の死骸の分解に酸素が使いつくされて，著しく酸素濃度の低い死の領域がつくり出されます。そのような**低酸素海域**は，しだいに大規模になってきました。メキシコ湾では，2017年には$22,720\,\mathrm{km}^2$にもわたって，このような低酸素海域が認められました。

　この問題を解決するために，現在，上流域全体での生態系修復が計画されています。対策としては，肥料の使用量を減らすことに加えて，農地から流出した栄養塩が川に流入するのを防ぐための**湿地再生**が重視されています。

富栄養化と流域における生態系修復

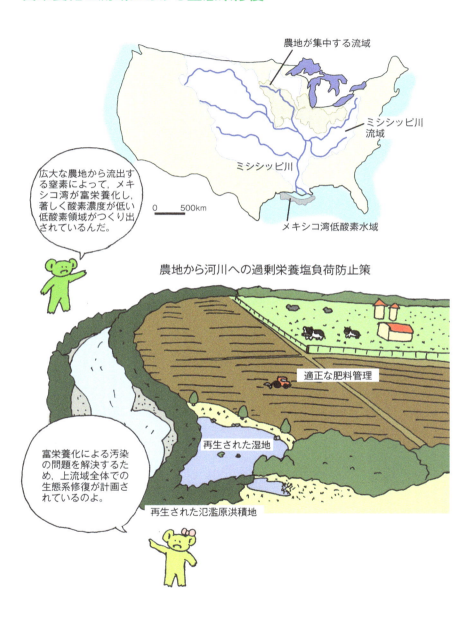

参 考 文 献

全体を通じた参考文献

E. P. オダム，生態学の基礎（上）（三島次郎 訳），培風館（1974）

E. P. オダム，生態学の基礎（下）（三島次郎 訳），培風館（1975）

日本生態学会 編，生態学入門 第 2 版，東京化学同人（2012）

樋口広芳 編，保全生物学，東京大学出版会（1996）

藤井宏一 編，生態学——生物のくらし，放送大学教育振興会（1999）

R. B. プリマック・小堀洋美，保全生物学のすすめ——生物多様性保全のためのニューサイエンス，文一総合出版（1997）

鷲谷いづみ，生態系を蘇らせる，日本放送出版協会（2001）

鷲谷いづみ，自然再生——持続可能な生態系のために，中央公論新社（2004）

鷲谷いづみ 監/編著，生態学——基礎から保全へ，培風館（2016）

鷲谷いづみ，大学 1 年生のなっとく！ 生態学，講談社（2017）

鷲谷いづみ・後藤章（絵），絵でわかる生物多様性，講談社（2017）

鷲谷いづみ・武内和彦・西田睦，生態系へのまなざし，東京大学出版会（2005）

第 0 章　生態系のいろいろ

0.1　生態系の風景
E. P. オダム，生態学の基礎（下）（三島次郎 訳），培風館（1975）

0.2　バイオーム（生物群系）
日本生態学会 編，生態学入門，東京化学同人（2004）

R. H. ホイッタカー，ホイッタカー生態学概説——生物群集と生態系（宝月欣二 訳），培風館（1979）

鷲谷いづみ，生態学——基礎から保全へ，培風館（2016）

鷲谷いづみ，大学 1 年生のなっとく！ 生態学，講談社（2017）

長野敬・牛木辰男，サイエンスビュー 生物総合資料 三訂版，実教出版（2016）

0.3　日本のバイオーム
日本生態学会 編，生態学入門 第 2 版，東京化学同人（2012）

鷲谷いづみ 監/編著，生態学——基礎から保全へ，培風館（2016）

0.4　窒素が循環する生態系
日本生態学会 編，生態学入門 第 2 版，東京化学同人（2012）

藤井宏一 編，生態学——生物のくらし，放送大学教育振興会（1999）

0.5　炭素の貯留と循環
日本生態学会 編，生態学入門 第 2 版，東京化学同人（2012）

IPCC Web ページ：http://www.ipcc.ch/

0.6　生態系に広がる食物網

鷲谷いづみ，大学 1 年生のなっとく！生態学，講談社（2017）

0.7　生態ピラミッド

E. P. オダム，生態学の基礎（上）（三島次郎 訳），培風館（1974）

0.8　生物間の関係がつくる生態系

鷲谷いづみ・武内和彦・西田睦，生態系へのまなざし，東京大学出版会（2005）

鷲谷いづみ 監/編著，生態学——基礎から保全へ，培風館（2016）

0.9　シャーレのなかの生態系

藤井宏一・嶋田正和・川端善一郎，シャーレを覗けば地球が見える（シリーズ〈共生の生態学〉2），
　平凡社（1994）

0.10　サービスを提供する生態系

鷲谷いづみ，生物多様性入門，岩波書店（2010）

鷲谷いづみ・武内和彦・西田睦，生態系へのまなざし，東京大学出版会（2005）

第 1 章　生態系を理解するための基礎用語

1.1　環境：資源／条件

鷲谷いづみ，大学 1 年生のなっとく！生態学，講談社（2017）

日本生態学会 編，生態学入門 第 2 版，東京化学同人（2012）

1.2　生物的環境と非生物的環境

藤井宏一 編，生態学——生物のくらし，放送大学教育振興会（1999）

日本生態学会 編，生態学入門 第 2 版，東京化学同人（2012）

1.3　生態的地位，ニッチ

樋口広芳 編，保全生物学，東京大学出版会（1996）

鷲谷いづみ・森本信生，エコロジーガイド 日本の帰化生物，保育社（1993）

1.4　自然選択による進化

R. B. プリマック・小堀洋美，保全生物学のすすめ——生物多様性保全のためのニューサイエ
　ンス，文一総合出版（1997）

鷲谷いづみ・後藤章（絵），絵でわかる生物多様性，講談社（2017）

1.5　動物と植物はどう異なる？

鷲谷いづみ，大学 1 年生のなっとく！生態学，講談社（2017）

1.6　個体と個体群

鷲谷いづみ 監/編著，生態学——基礎から保全へ，培風館（2016）

鷲谷いづみ・矢原徹一，保全生態学入門——遺伝子から景観まで，文一総合出版（1996）

1.7　植物の生き残り戦略

鷲谷いづみ 監/編著，生態学——基礎から保全へ，培風館（2016）

鷲谷いづみ・矢原徹一，保全生態学入門——遺伝子から景観まで，文一総合出版（1996）

1.8 植物の三戦略の関係

鷲谷いづみ，大学1年生のなっとく！生態学，講談社（2017）

J. P. Grime, J. G. Hodgson and R. Hunt, *Comparative Plant Ecology: A Functional Approach to Common British Species*, Unwin Hyman（1988）

1.9 ギャップの形成とギャップ検出機構

鷲谷いづみ 監/編著，生態学——基礎から保全へ，培風館（2016）

鷲谷いづみ・矢原徹一，保全生態学入門——遺伝子から景観まで，文一総合出版（1996）

1.10 クレメンツと遷移説

鷲谷いづみ 監/編著，生態学——基礎から保全へ，培風館（2016）

鷲谷いづみ・武内和彦・西田睦，生態系へのまなざし，東京大学出版会（2005）

1.11 タンスレーが提案した生態系

鷲谷いづみ・武内和彦・西田睦，生態系へのまなざし，東京大学出版会（2005）

1.12 遷移と遷移説

日本生態学会 編，生態学入門 第2版，東京化学同人（2012）

E. P. オダム，生態学の基礎（上）（三島次郎 訳），培風館（1974）

1.13 シフティングモザイク——ダイナミックな植生

鷲谷いづみ 監/編著，生態学——基礎から保全へ，培風館（2016）

鷲谷いづみ・武内和彦・西田睦，生態系へのまなざし，東京大学出版会（2005）

M. G. ターナー・R. H. ガードナー・R. V. オニール，景観生態学——生態学からの新しい景観理論とその応用（中越信和・原慶太郎監 訳），文一総合出版（2004）

1.14 生態系を流れるエネルギー

日本生態学会 編，生態学入門 第2版，東京化学同人（2012）

1.15 生態系の健全性

鷲谷いづみ・後藤章（絵），絵でわかる生物多様性，講談社（2017）

鷲谷いづみ・武内和彦・西田睦，生態系へのまなざし，東京大学出版会（2005）

第2章 生態系をつくる関係

2.1 光を求める／避ける，植物の順化

日本生態学会 編，生態学入門 第2版，東京化学同人（2012）

鷲谷いづみ，オオブタクサ，闘う，平凡社（1996）

鷲谷いづみ 監/編著，生態学——基礎から保全へ，培風館（2016）

2.2 土壌シードバンク

鷲谷いづみ・埴沙萌，タネはどこからきたか？ 山と渓谷社（2002）

鷲谷いづみ，保全「発芽生態学」マニュアル——休眠・発芽特性と土壌
シードバンク調査・実験法（連載1～6回），保全生態学研究，1～3（1996～1998）

2.3 種子を目覚めさせる環境シグナル

鷲谷いづみ・草刈秀紀 編，自然再生事業——生物多様性の回復をめざして，築地書館（2003）

2.4 動物の温度環境への適応

日本生態学会 編，生態学入門 第2版，東京化学同人（2012）

2.5 共生関係が豊かにした生態系

鷲谷いづみ，自然再生——持続可能な生態系のために，中央公論新社（2004）

鷲谷いづみ 監/編著，生態学——基礎から保全へ，培風館（2016）

2.6 植物と微生物の栄養共生

金子繁・佐橋憲生 編，ブナ林をはぐくむ菌類，文一総合出版（1998）

2.7 アリとの防衛共生

D. アッテンボロー，植物の私生活（門田裕一 監訳，手塚勲・小堀民恵 訳），山と渓谷社（1998）

2.8 スペシャリスト vs. ジェネラリスト

D. アッテンボロー，植物の私生活（門田裕一 監訳，手塚勲・小堀民恵 訳），山と渓谷社（1998）

田中肇，エコロジーガイド 花と昆虫がつくる自然，保育社（1997）

2.9 種子分散共生

鷲谷いづみ・埴沙萠，タネはどこからきたか？ 山と渓谷社（2002）

上田恵介 編著，種子散布〈助けあいの進化論1〉鳥が運ぶ種子，築地書館（1999）

上田恵介 編著，種子散布〈助けあいの進化論2〉動物たちがつくる森，築地書館（1999）

2.10 種子を運ぶアリ

鷲谷いづみ・埴沙萠，タネはどこからきたか？ 山と渓谷社（2002）

上田恵介 編著，種子散布〈助けあいの進化論2〉動物たちがつくる森，築地書館（1999）

2.11 動物と動物の多様な関係

鷲谷いづみ 監，共生する生き物たち，PHP研究所（2016）

D. アッテンボロー，鳥たちの私生活（浜口哲一・高橋満彦 訳），山と渓谷社（2000）

朝日新聞社，週刊朝日百科 動物たちの地球2，p.244-245，朝日新聞社（1994）

2.12 擬態する動物たち

梅谷献二，昆虫たちの超能力，農山漁村文化協会（1998）

2.13 消化を担う共生微生物

鷲谷いづみ 監，共生する生き物たち，PHP研究所（2016）

朝日新聞社，週刊朝日百科 動物たちの地球9，p.202-203，朝日新聞社（1994）

2.14 病原生物と宿主の軍拡競走

鷲谷いづみ・矢原徹一，保全生態学入門——遺伝子から景観まで，文一総合出版（1996）

2.15 キーストーン種

日本生態学会 編，生態学入門 第2版，東京化学同人（2012）

2.16 水と陸の生態系をつなぐトンボ

T. M. Knight, M. W. McCoy, J. M. Chase, K. A. McCoy and R. D. Holt, *Trophic cascades across ecosystems*, *Nature*, 437, 880-883（2005）

2.17 生態系をつなぐ生物の移動：ウナギ

海部健三，ウナギの保全生態学，共立出版（2016）

2.18 生態系をつなぐ生物の移動：マガン

蕪栗沼 WebLink：http://www2.odn.ne.jp/kgwa/kabukuri/j/

2.19 生態系のレジリエンスと安定性

鷲谷いづみ・武内和彦・西田睦，生態系へのまなざし，東京大学出版会（2005）

第 3 章　生態系と人類

3.1　ヒトの出現と生態系
R, Dunbar, *A Pelican Introduction: Human Evolution*. Pelican（2014）
鷲谷いづみ，自然再生——持続可能な生態系のために，中央公論新社（2004）
東京大学教養学部図説生物学編集委員会 編，図説 生物学，東京大学出版会（2010）
3.2　栄養生理から探る太古の食生活
鷲谷いづみ，自然再生——持続可能な生態系のために，中央公論新社（2004）
3.3　狩りをするヒトの積極的な環境への対処
鷲谷いづみ，自然再生——持続可能な生態系のために，中央公論新社（2004）
3.4　大型哺乳類はなぜ絶滅したのか？
鷲谷いづみ，自然再生——持続可能な生態系のために，中央公論新社（2004）
3.5　氾濫原の自然と水田
鷲谷いづみ 監/編著，生態学——基礎から保全へ，培風館（2016）
鷲谷いづみ，生態系を蘇らせる，日本放送出版協会（2001）
武内和彦・鷲谷いづみ・恒川篤史 編，里山の環境学，東京大学出版会（2001）
3.6　植物資源の利用管理と生物多様性
鷲谷いづみ 監/編著，生態学——基礎から保全へ，培風館（2016）
鷲谷いづみ，さとやま——生物多様性と生態系模様，岩波書店（2011）
鷲谷いづみ，自然再生——持続可能な生態系のために，中央公論新社（2004）
3.7　イギリスの田園生態系
鷲谷いづみ，自然再生——持続可能な生態系のために，中央公論新社（2004）
3.8　近代農業がもたらした生態系の危機
鷲谷いづみ，自然再生——持続可能な生態系のために，中央公論新社（2004）
武内和彦・鷲谷いづみ・恒川篤史 編，里山の環境学，東京大学出版会（2001）
3.9　拡大造林がもたらした生態系の不健全化
鷲谷いづみ，生物保全の生態学，共立出版（1999）
3.10　淡水生態系の危機
鷲谷いづみ・武内和彦・西田睦，生態系へのまなざし，東京大学出版会（2005）
WWF Web ページ：https://wwf.panda.org/
3.11　カタストロフィックシフト——生態系の非線形な変化
鷲谷いづみ・武内和彦・西田睦，生態系へのまなざし，東京大学出版会（2005）
3.12　エコロジカルフットプリント
鷲谷いづみ，自然再生——持続可能な生態系のために，中央公論新社（2004）
鷲谷いづみ 監/編著，生態学——基礎から保全へ，培風館（2016）
3.13　カエルの受難
J. A. Pounds *et al.*, *Widespread amphibian extinctions from epidemic disease driven by global warming, Nature*, 439, 161-167（2006）
A. R. Blaustein, and A. Dobson, *Extinctions: a massage from the frogs, Nature*, 439, 143-144（2006）

千葉県立中央博物館 監，カエルのきもち，晶文社出版（2000）

IUCN Amphibian Specialist Group web ページ：http://www.amphibians.org/

3.14 ミレニアム生態系評価①──数字で見る生態系の変化

ミレニアム生態系評価 Web ページ：http://www.millenniumassessment.org/en/index.aspx

3.15 ミレニアム生態系評価②──生態系サービスと人間の幸福

ミレニアム生態系評価 Web ページ：http://www.millenniumassessment.org/en/index.aspx

鷲谷いづみ，生物多様性入門，岩波書店（2010）

3.16 生態系サービスのバランスシート

ミレニアム生態系評価 Web ページ：http://www.millenniumassessment.org/en/index.aspx

3.17 外来種はなぜ強い？

日本生態学会 編，外来種ハンドブック（村上興正・鷲谷いづみ 監），地人書館（2002）

鷲谷いづみ，大学1年生のなっとく！生態学，講談社（2017）

3.18 外来種によるさまざまな影響

日本生態学会 編，外来種ハンドブック（村上興正・鷲谷いづみ 監），地人書館（2002）

鷲谷いづみ，大学1年生のなっとく！生態学，講談社（2017）

3.19 絶滅のおそれのある動植物

IUCN RED LIST web ページ：http://www.iucnredlist.org/

3.20 日本での絶滅のおそれの高まり

生物多様性情報システム Web ページ：http://www.biodic.go.jp/J-IBIS.html

3.21 生態系修復＝自然再生の先駆け

鷲谷いづみ・草刈秀紀 編，自然再生事業──生物多様性の回復をめざして，築地書館（2003）

ウィスコンシン大学植物園：http://uwarboretum.org/

3.22 順応的管理による生態系の再生

N. L. Christensen, A. M. Bartuska, J. H. Brown, S. Carpenter, C. D'Antonio, R. Francis, J. F. Franklin, J. A. MacMahon, R. F. Noss, D. J. Parsons, C. H. Peterson, M. G. Turner and R. G. Woodmansee, *The report of the Ecological Society of America Committee on the Scientific Basis for Ecosystem Management*, *Ecological Applications*, 6, 665-691（1996）

鷲谷いづみ，生態系を蘇らせる，日本放送出版協会（2001）

3.23 順応的管理プログラムの例

鷲谷いづみ・草刈秀紀 編，自然再生事業──生物多様性の回復をめざして，築地書館（2003）

グランドキャニオン監視研究センター Web ページ：http://www.gcmrc.gov/

鷲谷いづみ，さとやま──生物多様性と生態系模様，岩波書店（2011）

3.24 富栄養化と流域における生態系修復

W. J. Mitsch *et al.*, *Reducing nitrogen loading to the Gulf of Mexico from the Mississippi River Basin: strategies to counter a persistent ecological problem*, *Bioscience*, 51, 373-388（2001）

ミシシッピ川とメキシコ湾 Web ページ：http://www.epa.gov/msbasin/index.htm

索 引

あ

アーバスキュラー菌根菌　72
アカシア　74
赤の女王仮説　90
アカマツ林　12
アカメガシワ　46
亜寒帯　10
秋津　113
亜高山帯　12
アセスメント　130
亜熱帯　10
亜熱帯照葉樹林　10, 12
アフリカオオノガン　84
アリ分散種子　80
アリ防御植物　70, 74
アレンの法則　68
安定性　100
アンモニア　14
維管束植物　20
生け垣　116
移行帯　122
イソギンチャク　84
一次消費者　20
一次生産者　74
一次遷移　52
遺伝子頻度　36
イネ科植物　88
イネ科草本　2
陰樹　52
ウェットランド　122
ウシツツキ　82

ウナギ　96
雨緑樹林　4
永続的シードバンク　64
栄養塩　52, 72
栄養共生　22, 70, 72, 84
エコシステムエンジニア　92
エコトーン　122
エコロジカルフットプリント　126
エゾマツ　12
エネルギー　56
エライオソーム　80
エンドファイト　22
オオシラビソ　12
オオスズメバチ　86
オレンジヒキガエル　128
温帯　10
温暖化　128
温度環境　68

か

外生菌根　72
回復計画　142
海洋　8
外来種　118, 136, 138
カエル　36
　　──の減少　128
化学的防御　74
化学肥料　152
拡大造林　120
撹乱　42, 44, 54, 64, 100
撹乱依存戦略　42, 44

化石燃料　16, 126
カタストロフィックシフト
　　　　　　　　　124, 134
カタツムリの殻　32
花粉分析　48
夏緑樹林　6, 10, 12
環境　30
環境因子　30
環境シグナル　66
環境条件　30
環境モザイク　114
環境要因　30
環境容量　126
乾性遷移　53
乾田化　118
キーストーン種　92
気温　4
汽水域　8
寄生バチ　24
季節的シードバンク　64
擬態　86
キノコ　72
基盤的サービス　132
基本ニッチ　34
ギャップ　46, 66
ギャップ依存　46
ギャップ動態　54
休眠　64
休眠・発芽特性　66
休眠解除　46
共生関係　22, 70, 76, 82, 84
共生微生物　88
競争　30, 42, 44
競争戦略　42, 44
漁獲量　130, 134
極相　48

キリン　82
菌根　72
キンチャクガニ　84
グランドキャニオンモニタリングプ
　ログラム　148
グレートフェンプロジェクト　150
クレメンツ　48, 50
クロマニョン人　104
軍拡競走　90
群集　40
警告色　86
言語獲得　108
原生動物　88
健全な生態系　26, 58, 100
恒温動物　68
光合成細菌　20
光合成産物　72
耕作　130
高山ツンドラ　10
高次捕食者　94
降水量　4
呼吸　16
国際自然保護連合（IUCN）　140
個体群　40
個体群指標　122
個体差　36
固着性　38
コナラ林　12
個別説　48
コミュニティ　50
混血　104
混交林　6, 10
根粒菌　72

161

さ

細菌　70, 88
在来種　136, 138
里山　114
砂漠　4
サバンナ　4
サンゴ礁　130
三次消費者　20
ジェネラリスト　76
資源　30
資源供給サービス　132
システム　22, 40
自然再生　144, 146
自然選択　36
自然林　120
実現ニッチ　34
湿性遷移　53
湿地再生　152
シフティングモザイク　54
従属栄養　38
種子繁殖　78
種子分散共生　22, 70, 78
狩猟　108
順化　38, 62
順応的管理　146, 148
条件　30
硝酸塩　14
消費者　20
照葉樹林　6, 10, 12
常緑広葉樹林　6
常緑針葉樹　10
植生　40
　　——のすき間　46
食生活　106
植生復元　64

植物群落　40, 48
植物資源　114
植物生態学　50
植物プランクトン　2, 20, 124
食物網　18
食物連鎖　18
植林地　120
シラスウナギ　96
シラビソ　12
人工林　10, 12, 120
針葉樹　120
針葉樹林　6, 10, 12
侵略的外来種　138
森林　10, 120
水質浄化　26
水田稲作　112
スダジイ　12
ステップ　6
ストーンプランツ　33
ストレス　42, 44
ストレス耐性戦略　42, 44
スペシャリスト　76
生活史戦略　42
生産者　20, 38
生態系　30, 40, 50
　　——〔海の〕　8
　　——〔河川の〕　8
　　——〔サービスを提供する〕　26
　　——〔里山の〕　114
　　——〔シャーレのなかの〕　24
　　——〔水田の〕　2
　　——〔生物間関係がつくる〕　22
　　——〔草原の〕　2, 8
　　——〔氾濫原の〕　112
　　——〔森の〕　2, 8
　　——の健全性　58

──の不健全化　26, 120, 125
生態系管理　146
生態系サービス　26, 58, 122, 132
生態系サービスバランスシート
　　　　　　　　　　　　　　134
生態系修復　144
生態的地位　34
生態的ニッチ　34
生態ピラミッド　21
正のフィードバック　124
生物学的侵入　138
生物間相互関係　22
生物群系　4
生物群集　40
生物多様性　58, 114
生物的環境因子　32
セーフサイト　78, 80
セクロピア　74
絶滅　110, 128, 140, 142
絶滅危惧種　118
──〔世界の〕　140
──〔日本の〕　142
セルロース　16
遷移　48, 52
遷移説　48
先駆樹種　66
選択圧　42
戦略　42
相観　4
雑木林　112, 114
草食動物　88
送粉共生　22, 70, 76
送粉サービス　135
送粉者　70

た

ダーウィン　36
体温維持　68
タイガ　6
対環境戦略　108
タガメ　118
脱窒作用　14
ダテハゼ　82
タブノキ　12
食べる－食べられるの関係
　　　　　　　　　　16, 18, 22
暖温帯　12
炭酸固定　16
淡水生態系　8, 122, 125
タンスレー　50
炭素　16
炭素化合物　16
炭素循環　16
炭素貯留　16
窒素　14, 130, 152
窒素ガス　14
窒素固定　14, 152
窒素固定細菌　15
窒素酸化物　14
窒素循環　14
抽水植物　2, 112
超大型動物相　110
超大型哺乳類　110
調節的サービス　132
腸内細菌　22
貯食型　78
沈水植物　2, 124
ツンドラ　6
抵抗性遺伝子　90
抵抗性進化　90

163

低酸素海域　152
適応進化　36, 90
適応度　36
田園生態系　116
動物食　88
動物プランクトン　2
透明度　124
毒　86
独立栄養　38
土壌　52
土壌シードバンク　64, 66
突然変異遺伝子　36
ドマチア　74
トラスト　150
トロフィックカスケード　94
トンボ　94

な

ナイルパーチ　122
二酸化炭素　16
ニシキテッポウエビ　82
二次消費者　20
二次遷移　52
二次林　10, 12, 120
ニッチ　34
ニッチ分割　34
人間の幸福　130, 132
ヌルデ種子　46
ネアンデルタール人　104
熱帯多雨林　4
農業環境政策　116
農業生態系　112

は

バイオーム　4
　──〔日本の〕　10, 12
　──の水平分布　6
パイオニア　66
ハオリムシ　8
発酵　88
バランスシート　134
ハルティヒネット　72
反芻　88
パンパス　6
氾濫原　8, 112
ビーバー　92
干潟　8, 26
光エネルギー　56
被食型　78
微生物　70, 72
非生物的環境因子　32, 40
ビタミン　106
ビタミンB類　106
ビタミンC　106
必須アミノ酸　88
ヒト　104
貧酸素水塊　152
フィトクロム　66
富栄養化　15, 124, 134, 152
フェンランド　150
複合的生態系　114
不健全化　120, 125
不健全な生態系　58
ブダイ　82
付着型　78
復帰性　100
物理的防御　74
ブナ　12

ふゆみずたんぼ　98
浮葉植物　2
ブラックバス　122
プランテーション　120
プレーリー　6, 144
分解者　20
文化的サービス　132
ベニハチクイ　84
ベルクマンの法則　68
変異　36
防衛機構　136
防衛共生　22, 70
保護色　86
ホモ・サピエンス　104
ホモ・ハビリス　104
ポリネータ　70, 76
ホンソメワケベラ　82

ま

マイヅルテンナンショウ　62
マガン　98
マメゾウムシ　24
マリンスノー　8
マルハナバチ　76
マングローブ林　130
水　130
ミズナラ　12
ミツアナグマ　84
ミツオシエ　84
ミレニアム生態系評価
　　　　　　　　130, 132, 134

メガファウナ　110
メダカ　118
木生シダ　12
モザイク　54
モンスーン気候　10, 112

や

有機物　16, 52
有性生殖　90
陽樹　52
要素と関係の集合　22

ら

落葉広葉樹林　6
落葉樹林　120
ラッコ　92
ラムサール条約　122
リグニン　16
リター　46
利用管理　114
緑化植物　118
ルーメン　88
レジリエンス　100
レッドリスト　140, 142

欧文

C-S-R モデル　42
IUCN（国際自然保護連合）　140
VA 菌根　72

165

著者紹介

鷲谷いづみ（理学博士）
- 1972年 東京大学理学部卒業
- 1978年 東京大学大学院理学系研究科博士課程修了
- 現　在 中央大学理工学部人間総合理工学科教授
　　　　東京大学名誉教授

画家紹介

後藤　章（環境科学修士）
- 1997年 千葉大学理学部卒業
- 1999年 筑波大学大学院環境科学研究科修士課程修了
- 2006年 東京大学大学院農学生命科学研究科博士課程単位取得退学
- 現　在 高尾の森自然学校（運営：一般財団法人 セブン-イレブン記念財団）スタッフ

NDC468　175p　21cm

絵でわかるシリーズ

新版 絵でわかる生態系のしくみ

2018年12月20日　第1刷発行
2020年 6月25日　第3刷発行

著　者　鷲谷いづみ
作　画　後藤　章
発行者　渡瀬昌彦
発行所　株式会社 講談社
　　　　〒112-8001　東京都文京区音羽2-12-21
　　　　販　売　(03)5395-4415
　　　　業　務　(03)5395-3615
編　集　株式会社 講談社サイエンティフィク
　　　　代表　矢吹俊吉
　　　　〒162-0825　東京都新宿区神楽坂2-14　ノービィビル
　　　　編　集　(03)3235-3701

本文データ制作　株式会社双文社印刷
カバー・表紙印刷
本文印刷・製本　株式会社講談社

落丁本・乱丁本は，購入書店名を明記のうえ，講談社業務宛にお送りください．送料小社負担にてお取替えします．なお，この本の内容についてのお問い合わせは講談社サイエンティフィク宛にお願いいたします．定価はカバーに表示してあります．

© Izumi Washitani and Akira Goto, 2018

本書のコピー，スキャン，デジタル化等の無断複製は著作権法上での例外を除き禁じられています．本書を代行業者等の第三者に依頼してスキャンやデジタル化することはたとえ個人や家庭内の利用でも著作権法違反です．

[JCOPY]〈(社)出版者著作権管理機構 委託出版物〉
複写される場合は，その都度事前に(社)出版者著作権管理機構（電話 03-3513-6969，FAX 03-3513-6979，e-mail: info@jcopy.or.jp）の許諾を得てください．

Printed in Japan

ISBN978-4-06-514096-3